A DEGREE IN A BOOK

人类学是什么

ANTHROPOLOGY

[美]茱莉亚·莫里斯(Julia Morris)著 央金拉姆 译

中信出版集团 | 北京

图书在版编目（CIP）数据

人类学是什么 /（美）茱莉亚 · 莫里斯著；央金拉姆译 . —北京：中信出版社，2022.4

书名原文：A Degree in a Book: Anthropology

ISBN 978-7-5217-3944-2

I. ①人… II. ①茱… ②央… III. ①人类学－普及读物 IV. ① Q98-49

中国版本图书馆 CIP 数据核字（2022）第 009575 号

人类学是什么

著者： ［美］茱莉亚 · 莫里斯

译者： 央金拉姆

策划推广：中信出版社（China CITIC Press）

出版发行：中信出版集团股份有限公司

（北京市朝阳区惠新东街甲 4 号富盛大厦 2 座 邮编 100029）

承印者： 北京盛通印刷股份有限公司

开本：880mm×1230mm 1/24 印张：10.5 字数：162 千字

版次：2022 年 4 月第 1 版 印次：2022 年 4 月第 1 次印刷

京权图字：01-2021-5099 书号：ISBN 978-7-5217-3944-2

定价：69.80 元

服务热线：400-600-8099
投稿邮箱：author@citicpub.com

起源

人类学的起源

人类学是一门可以追溯到数千年前的学科，长期以来历史学家、商人、传教士、官员和探险家留下了丰富的著作，他们研究并记录了世界各地文化的差异和相似之处。希腊历史学家希罗多德（公元前484—前425）是早期的社会科学家之一，他在希波战争结束后对整个波斯帝国的文化进行了全面研究。他的皇皇巨著《历史》（约公元前430）详细描述了他借助书面资料和采访了解到的风俗、法律、政治和地理。《历史》一书充满了地方性知识，以及从传说中的神谕到掘金蚂蚁和蛇等奇幻故事，该书通常被视为最早的民族志之一，也是人类学学科制度化的先驱作品。

出生于突尼斯的历史学家伊本·赫勒敦（1332—1406）是另一位著名的早期旅行家，他认识到后来对于人类学至关重要的概念——风俗习惯、文化敏感性和历史背景——的意义。在他的长篇著作《历史学导论》（1377）中，这位伊斯兰思想家运用社会人类学的研究方式，考察了导致帝国兴衰的社会、经济和环境因素。这本书同其他早期旅行者的作品一起，比如伊本·巴图塔（1304—1369）所著的《伊本·巴图塔游记》（约1355），被视为早期前人类学写作的典范。

威尼斯商人、探险家马可·波罗（1254—1324）在《马可·波罗游记》中记录了他传奇的冒险经历，被视为最早的民族志记述之一，其中一些保存至今

人类学领域的早期探险家与民族志学者

希罗多德
（公元前484—前425）

张骞
（公元前164—前114）

塔西佗
（56—120）

马可·波罗
（1254—1324）

伊本·巴图塔
（1304—1369）

伊本·赫勒敦
（1332—1406）

地理大发现

在地理大发现时代，即从15世纪到18世纪，欧洲探险家动身前往更遥远的地方寻找新的财富来源，如亚洲、非洲和现在的美洲。他们的探险动机是对黄金、白银和其他形式财富的渴望，以及对权力、荣誉、影响力和建立永久殖民地的憧憬。宗教的传播也促进了探险活动的发展，殖民主义和殖民地的开拓就与十字军试图通过远征将基督教传播到世界各地的愿望密切相关。然而，许多早期的探险家对他们遇到的民族文化和语言不甚尊重也不太了解，并且他们常常只对自己的探险与观察做较为简短的记录。这些探索导致了暴力的殖民模式，殖民者除了开发原住民的自然资源和劳动力外，很少关心原住民的生计。经过这种被称为“欧洲中心主义”的实践，非欧洲社会被认为是落后的。这种将原住民定义为野蛮、落后人种的描述方式支持了殖民政府管理原住民土地的行为，并成为为欧洲利益辩护的利器。与此同时，这种将原住民贬低为低级人类的卑鄙做法，也推动了野蛮的奴隶贸易的发展，从而为不断扩张的欧洲帝国提供了劳动力支撑。

殖民主义

种族中心主义

东方主义 ▶ 由巴勒斯坦学者爱德华·萨义德（1935—2003）提出。他认为西方国家用藐视、贬低东方文化和东方人民的描述制造出一种将东方等同于落后的专断性观点。东方主义想象至今仍渗透在当代流行文化中。

刻画了意大利探险家美瑞格·韦斯普奇（1454—1512）的一幅版画（约1521）

理查德·哈维的著作《斐勒达奥弗乌斯，作为对英国历史上布鲁特斯传说的辩护》（1593），被公认为首次以英语词汇“anthropology”指代一种社会科学。

这一时期的人类学实践在很大程度上充斥着民族中心主义的色彩，人类学被用于支持问题百出的殖民项目，对所谓“原始”民族野蛮化的贬低性描述与西方人的优越性形成了鲜明对比。在这一时期，产生的大量被殖民者的形象也在试图影响对非西方人的描绘方式。在随后的几个世纪里，有关发现、冒险的主题和关于“无人区”的描述再次出现。

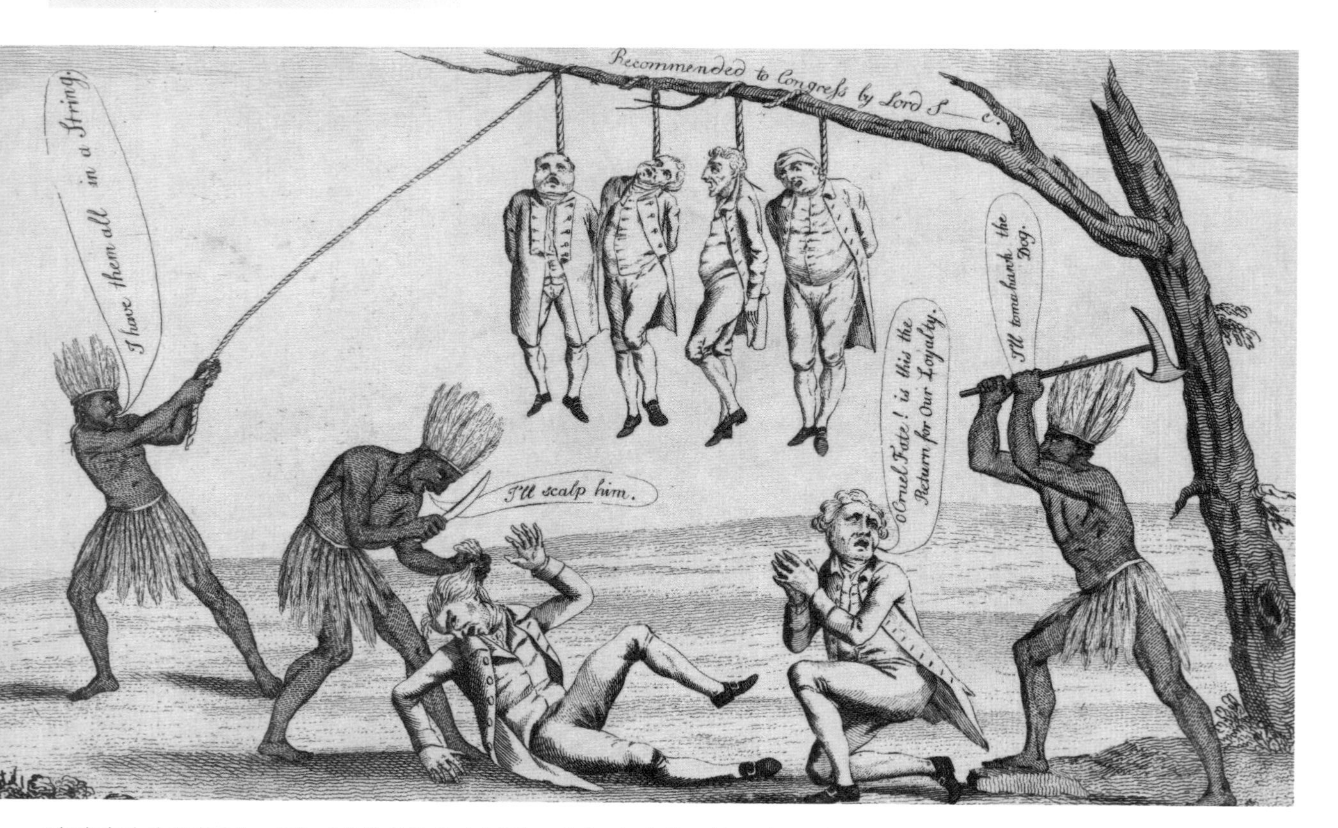

《任意妄为的野蛮人》，或称《忠诚者的残酷命运》，威廉·汉弗莱，版画（1783）

启蒙时代

欧洲帝国主义的扩张使得理解世界及各地人民的新方式得以出现。“启蒙时代”（或称“理性时代”）是17—19世纪出现的知识与哲学运动，该运动强调科学、理性和经验的重要性。在此之前，宗教学者和所谓的教会领袖统治着欧洲关于人类起源和文化发展的信仰体系。人们普遍认为，人类的存在和文化的多样性是由上帝创造的。启蒙运动中的知识分子挑战传统和宗教教条的正统性，并以人的理性和经验作为知识权威的前提。

这是人的理性得以发展的关键时期，包括人类学在内的许多学科由此诞生。经验主义哲学启发了许多希望跨越思考与推断之围墙的早期社会科学家。事实上，这种认识论认为，任何人都可以通过观察和经验来了解自然和社会世界的真相。它要求人们通过理性来寻找真相，而不是盲目地接受权威的看法或迷信的说法。

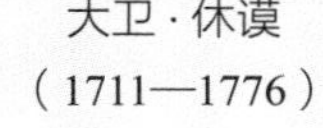

经验研究 ▶ 字面意思为“基于经验”的研究，获取这类知识的前提是观察和经验，而非信仰或理论。

启蒙时代的重要思想家

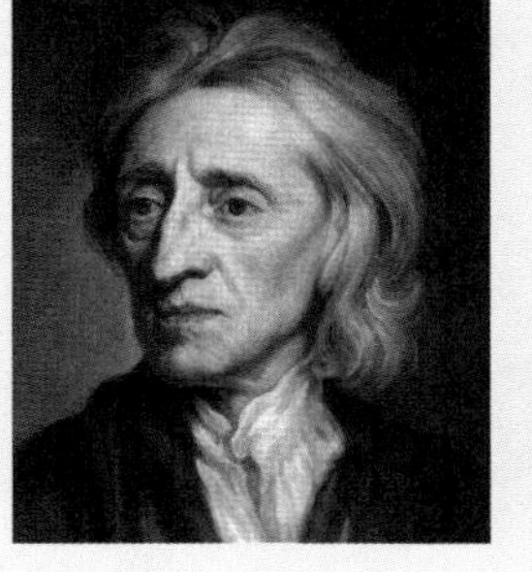

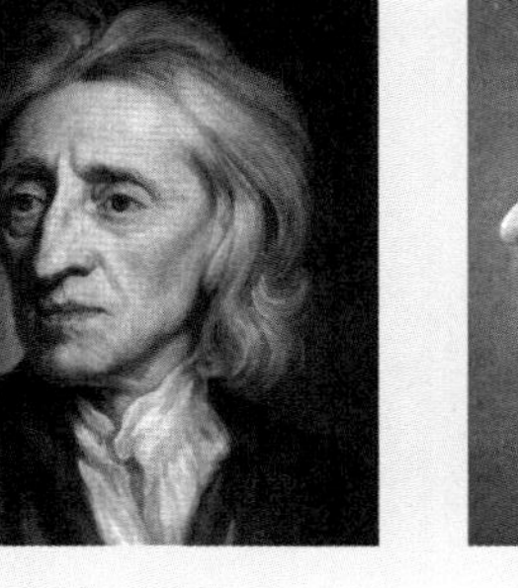

约翰·洛克
（1632—1704）

孟德斯鸠
（1689—1755）

大卫·休谟
（1711—1776）

让-雅克·卢梭
（1712—1778）

启蒙时代支持经验主义的重要著作

《人类理解论》(1689)——约翰·洛克

《人性论》(1739—1740)——大卫·休谟

《论法的精神》(1748)——孟德斯鸠

《论人类不平等的起源和基础》(1755)——让-雅克·卢梭

启蒙时代的思想家

启蒙时代的思想家，比如英国哲学家约翰·洛克（1632—1704），苏格兰的大卫·休谟（1711—1776）和让-雅克·卢梭（1712—1778），试图找到解释性原则来理解人性的多样性。他们的作品宣扬哲学理性而非宗教权威，并提出了对日后人类学的诞生与发展具有重要意义的问题。

以卢梭为例，他关注道德心理学和人类社会的发展，先于达尔文主义认为现代人类是从一种（更快乐的）动物状态演化而来的，其间伴随着人类意识的演化。

此外，在法国，孟德斯鸠（1689—1755）提出了相对进化论的观点，他将人类的发展与自然环境联系起来，暗示存在着一种文化相对主义。孟德斯鸠在他的小说《波斯人信札》（1721）中，直接质疑了欧洲人对非西方民族的态度。这本书描述了两位波斯贵族在欧洲的经历，试图批判欧洲中心主义及欧洲的社会与政治结构。

启蒙运动

文化相对主义

人类学家面临的新问题

民族中心主义与文化相对主义——对自身文化的优越性深信不疑，而不从他者的角度去理解其他社会或文化。

普遍性与特殊性——什么是跨社会的共同性？什么是文化特殊性？

文化与天性——什么是后天习得的，什么是与生俱来的？生物性比文化性更能塑造行为吗？人类和动物的区别是什么？

生物变异和进化——什么解释了人类的变异？

“我们在判断任何事物时，都会偷偷地把它们与我们的关系考虑进去……人们已经非常正确地观察到，如果三角形有一个上帝，那这个上帝会有三条边。”（孟德斯鸠，《波斯人信札》）

尽管启蒙运动时期的学者强调经验研究的重要性，并以他们自己的方式理解不同的社会，但他们中的许多人并不具备与非西方社会接触的第一手经验。这一点在维多利亚时代得到了改变，当时的学者们将前几个世纪的帝国主义扩张与启蒙运动主张的理性主义思想及对人类发展的关注结合在一起。

帝国主义

社会进化论

社会进化的观点强烈影响了维多利亚时代的社会科学家。帝国主义的殖民政策使欧洲人接触到世界各地的不同文化。受启蒙运动的影响，学者们在此前提出问题的基础上，着手理解人类文化的差异，并试图解释这些多样性。

查尔斯·达尔文（1809—1882）这位著名的博物学家和生物学家，深受启蒙运动哲学家大卫·休谟的影响。达尔文运用分类系统法来论证生物进化论，并指出物种不是由上帝创造的。

社会进化论的信条——人类社会朝着一个特定的方向发展——主宰了维多利亚时代早期人类学家的思考。当时有一种观点认为，欧洲社会代表了始于原始状态且不断发展的人类进化的顶峰，社会进化论的信条与这一存在问题但又具有相关性的观点结合在一起。

查尔斯·达尔文（1809—1882）的一幅当代漫画

文化的概念

“文化”的概念对人类学具有开创意义。英国人类学家爱德华·伯内特·泰勒（1832—1917）在《原始文化》（1871）一书中首次将其定义为“一个复合的整体，它包括知识、信仰、艺术、道德、法律、风俗，以及社会成员所获得的其他任何能力和习惯”。对人类学家来说，“文化”是理解人类如何创造出意义、思想和行为的共同模式并将其代代传承的重要理论框架。

文化 ▶ 由人们创造、共享并操控其日常生活的经验和意义系统。

文化的进化

早期人类学家，比如泰勒、亨利·梅因（1822—1888）和路易斯·亨利·摩尔根（1818—1881），基于进化论的模型，主张所有文化都是通过从简单到复杂的过程自然进化而来的。他们使用“蒙昧的”“野蛮的”“开化的”等术语——如今广受批判，将社会划分为一个个连续的统一体，并认为西方文化是最先进的。

单线文化进化论

野蛮 / 简单 → 文明 / 复杂

这些人类学家试图证明“进步”对世界上的每个人都是可实现的，尽管他们的论证仅基于简单化的类型学分析模式，即“进步”就是“西化”的同义词。这与约瑟夫·德·迈斯特伯爵（1753—1821）等主张非西方原住民民族是文化退化的作家形成了鲜明对比。不过，总体而言，人类学家如今完全拒绝将这些解释生物和文化变异的模式用于论证欧洲中心主义与人种等级制。

这些看法在维多利亚时代十分普遍，人们被工业化、技术进步和欧洲殖民主义的观念主宰。正如鲁德亚德·吉卜林的诗作《白人的负担》描述的那样，当时流行着欧洲人有义务“教化野蛮人”的思想。

那时，西欧帝国主义国家（包括英国、比利时、西班牙、法国、荷兰

文化概念的倡导者

路易斯·亨利·摩尔根（1818—1881）

亨利·梅因（1822—1888）

爱德华·伯内特·泰勒（1832—1917）

和葡萄牙）正在太平洋、亚洲、非洲和美洲扩张其政治和经济掌控权。文化进化论传递的民族中心主义思想致使那些被殖民的民族被描述为“落后”的，并认为除非他们像欧洲人一样“文明”，否则就不适合生存。这种观念合法化了帝国扩张，这种运用进化论来控制社会和政治政策的做法则被称为“社会达尔文主义”。

受殖民主义的影响，19世纪初西欧各地先后涌现出一些业余人类学社团，其成员对生活在边远地带的人们充满好奇心。自此，人类学学科的制度化得以开启。

但并非所有人类学家都认可许多维多利亚时代的进化论者阐述的文化进化类型。有“美国人类学之父”之称的弗朗茨·博厄斯（1858—1942），就是拒绝用文化进化论来看待人类多样性的学者之一。

弗朗茨·博厄斯，美国人类学奠基人

社会达尔文主义

一幅描绘诗作《白人的负担》的漫画，维克多·吉拉姆绘，《法官》杂志，1899年4月1日。《白人的负担》是一首由鲁德亚德·吉卜林创作的关于1899—1902年美菲战争的诗。吉卜林认为，白人（此处约翰牛代表英国，山姆大叔代表美国）有责任教育和拯救世界上那些被他视为不文明的人。这种观点集中反映了殖民时代的种族主义和民族剥削状况

布罗尼斯拉夫·马林诺夫斯基，英国社会人类学奠基人

通过文化相对主义的实践，以他者的方式理解文化的观点在这个时候已经传播开来。

博厄斯将文化的特殊性作为研究指导原则，反驳了泰勒、梅因和摩尔根等维多利亚时代人类学家宏观的进化论研究框架。他认为每一种文化都必须以其自身的方式来理解，而不能以西方的、民族中心主义的视角来划分等级。与前人相反，博厄斯提倡历史特殊论，主张所有社会都有其独特的历史，认为无法从各民族的独特历史中归纳出普遍、抽象的规律。

历史特殊论

博厄斯在美国和加拿大太平洋西北地区的因纽特人和夸基乌特人中进行了实地调查。除了反对充斥着民族中心主义的进化论外，他还强调了实地调查对充分了解文化或社会情况的重要性。

博厄斯认为，人类学家应该就社会公正的问题发表意见。种族不平等对他来说是非常重要的问题，尤其是在当时伪科学的种族主义声称人们因肤色不同而存在生理优劣的背景下。在《移民后代的体态变化》（1912）一书中，博厄斯测量了不同文化背景的人的头部形状和大小，并认为颅骨的差异取决于环境和社会因素。博厄斯指出，行为差异是由从社会学习中获得的文化差异造成的。他用这些研究挑战白人至上的观点，试图证明“纯粹”或“优越”的种族并不存在。对博厄斯来说，文化是理解社会多样性的主要手段。

以前，美国的人类学主要以博物馆为基础，比如史密森尼学会。作为哥伦比亚大学的一名教授，博厄斯努力开创了一种新的人类学研究模式，该模式融合了文化人类学、语言人类学、考古学和生物人类学4个领域的研究方法。博厄斯的学生鲁思·本尼迪克特（1887—1948）、玛格丽特·米德（1901—1979）和阿尔弗雷德·克鲁伯（1876—1960），延续了他在文化角色与重视他者观点方面所做的具有开创意义的研究工作。

像博厄斯一样，出生于波兰的布罗尼斯拉夫·马林诺夫斯基（1884—1942）也认为详细的实地考察对于理解不同的文化十分必要。他对早期人类学的民族中心主义思想提出了批判，强调了充分融入当地文化的重要性，包括学习当地语言，这已经成为现代人类学研究的重要内容。

马林诺夫斯基在巴布亚新几内亚北部的特罗布里恩群岛进行了近两年的田野调查。他创立了一套新的参与观察方法论，密切融入了太平洋原住岛民的日常生活。虽然其他人在此之前就已经开展了民族志工作，但这种让民族志工作者前往实地调查，并深深融入当地人生活的研究方法，已成为马林诺夫斯基的代名词。他不仅进行了详细的观察，还将实地田野工作中的思考与深奥的理论分析相结合，跨越了以往纸上谈兵的理论家和民族志探索者之间的界限。他在《西太平洋上的航海者》（1922）中一丝不苟地记录了他在当地进行民族志田野调查的方法。

参与观察

通过与特罗布里恩人一起生活并近距离观察他们，马林诺夫斯基还提出了结构功能主义，该理论迅速在英国社会人类学家中流行开来。马林诺夫斯基认为，在结构功能主义的理论框架下，文化多样性是可以解释的，因为社会的各个方面，比如亲属制度以及宗教、政治和经济安排，都是为了满足人们的需要而产生的，并在社会文化的整体结构中具有特殊的功能。结构功能主义的代表人物还有英国人类学家拉德克里夫–布朗（1881—1955），他致力于展示社会和文化现象如何以各自的功能对整个社会结构的维持做出贡献。一些批评者则认为，结构功能主义简化了生物学因素，因为人被视为环境中具有功能性的一部分，但该理论是文化相对主义向前发展的重要一步。

结构功能主义

参与观察 ▶ 人类学田野调查的主要方法，研究者通过深入参与和观察研究对象的日常生活来了解研究对象的信息。

女性人类学家

艾尔丝·克莱斯·帕森斯
（1875—1941）

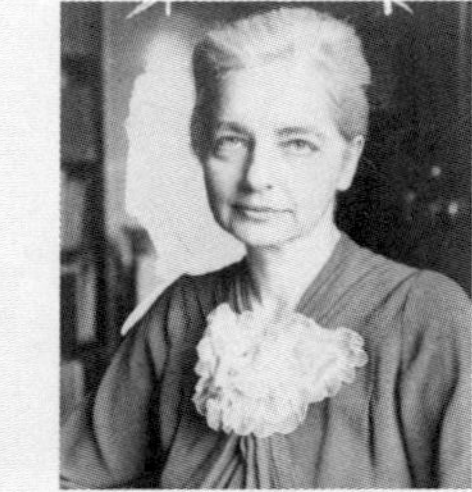

鲁思·本尼迪克特
（1887—1948）

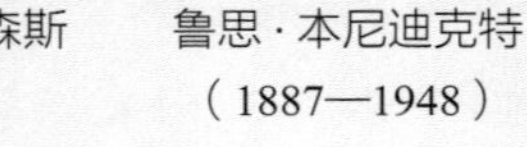

佐拉·尼尔·赫斯顿
（1891—1960）

玛格丽特·米德
（1901—1978）

人类学的女性先锋

过去，人类学是一门被男性主导的学科。然而，随着大学教育体制和结构的调整，女性开始有机会接受高等教育，早期的女性民族志学者也得以更加广泛地参与到学术研究中。例如，玛格丽特·米德、鲁思·本尼迪克特等对人类学的发展做出开创性贡献的女性学者，通过对美国西南部太平洋文化和北美普埃布洛印第安文化的研究，就西方社会中的性别关系和社会化等问题进行了深刻的分析。此外，维多利亚时代的女性人类学家艾尔丝·克莱斯·帕森斯（1875—1941）在其关于美洲原住民性别角色的研究中，对曾在学术界居于主导地位的进化论研究范式进行了批判，最终导致了进化论思想的没落。

佐拉·尼尔·赫斯顿（1891—1960）和米德、本尼迪克特一样，也是哥伦比亚大学弗朗茨·博厄斯的研究生。她对非洲裔美国人故事的兴趣与她作为非洲裔美国女性的抗争经历，帮助她做出了新颖独特的民族志研究成果。作为20世纪20年代哈莱姆文艺复兴时期的多产学者之一，赫斯顿写作了一部关注当代黑人社区问题的小说，同时记录了她对牙买加和海地民俗仪式的研究成果。

尽管女性学者在人类学的各个领域都取得了重大进展，但米歇尔·罗萨尔多（1944—1981）和路易丝·兰普尔（1941至今）主编的经典作品《女性、文化与社会》（1974）着重强调了女性人类学家在研究部落社会中的女性方面发挥的重要作用。过去，男性人类学家常常把男性的生活视为社会中的普遍代表，而这本书向人类学抹去女性观点或以西方男性的视角看待文化的现状发起了挑战。

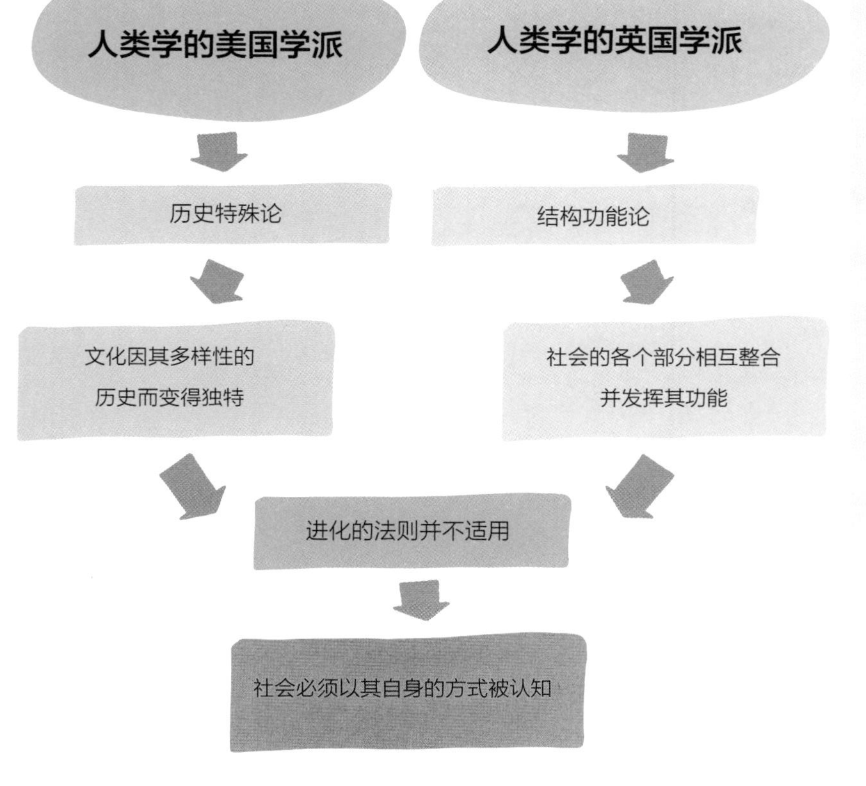
人类学的美国学派
人类学的英国学派
历史特殊论
结构功能论
文化因其多样性的历史而变得独特
社会的各个部分相互整合并发挥其功能
进化的法则并不适用
社会必须以其自身的方式被认知

一本值得了解的民族志

《萨摩亚人的成年》（1928）——玛格丽特·米德

在这项富有传奇色彩的社会化研究中，米德对萨摩亚年轻女性的性自由与美国年轻女性被压抑的性行为进行了比较。她认为，社会化形塑了人们对性及其他被视为生物性行为的不同看法。因此，米德后来坚持呼吁改变美国社会的传统育儿方式。

不同范式的应用

人类学的一个显著特点是，它运用4个分支学科的方法来研究人类。在欧洲，它们几乎是完全独立的4个学科。然而，在美国，人类学的发展使得社会文化人类学、生物人类学/体质人类学、语言人类学和考古人类学这4个分支学科关联起来，形成了一种整体性的方法论，用于研究过去与现在的人类社会和文化。

整体论 ▶ 通过综合的、跨学科的方法全面认识人类社会的方方面面。

《六个盲人与大象》

印度有一则寓言故事叫作《六个盲人与大象》：六个盲人第一次遇到一头大象，他们试图通过触摸大象身体的不同部位来认识它。第一个人摸了摸大象的侧面，把它形容为一堵墙。第二个人摸了摸大象的长牙，将它描述成一柄长矛。第三个人摸了摸大象的鼻子，说它是一条蛇。第四个人摸了摸大象的腿，说它是一棵树。第五个人摸了摸耳大象的朵，说它是一把扇子。最后，第六个人抓住了大象的尾巴，说它是一根绳子。

每个盲人感知到的只是大象身体的不同部分，所以他们对大象产生了截然不同的看法。如果我们将6个盲人替换为六个具有不同学科视角的人类学家呢？那么，就像寓言故事中的大象一样，我们很可能会对相同的问题得出许多不同的答案。

这则故事告诉我们，为何人们常常将个人的观点当作解决问题的唯一答案。事实上，只有将不同专业领域的知识融合起来，找到一条跨学科的解决路径，才能获得一个较为完整的答案。

看待事物的视角是人类学研究的一个重要方面，通过不同的视角，人类学家试图对世界各地的文化形成更加全面的了解，或者形成一种整体性认识。这种通览全貌而不仅仅偏重于局部的做法，是人类学的一种整体论研究方法。人类学的四个主要的分支学科使我们得以分析人类行为的不同方面，它们是：

- **文化人类学**——比较研究世界各地的文化
- **生物人类学/体质人类学**——比较研究过去和现在的人类行为与特征
- **语言人类学**——研究人类语言的区别与特征
- **考古人类学**——通过比较物质文化遗存研究过去的文化

每一个领域都涉及对文化的起源及其实际状况的研究。

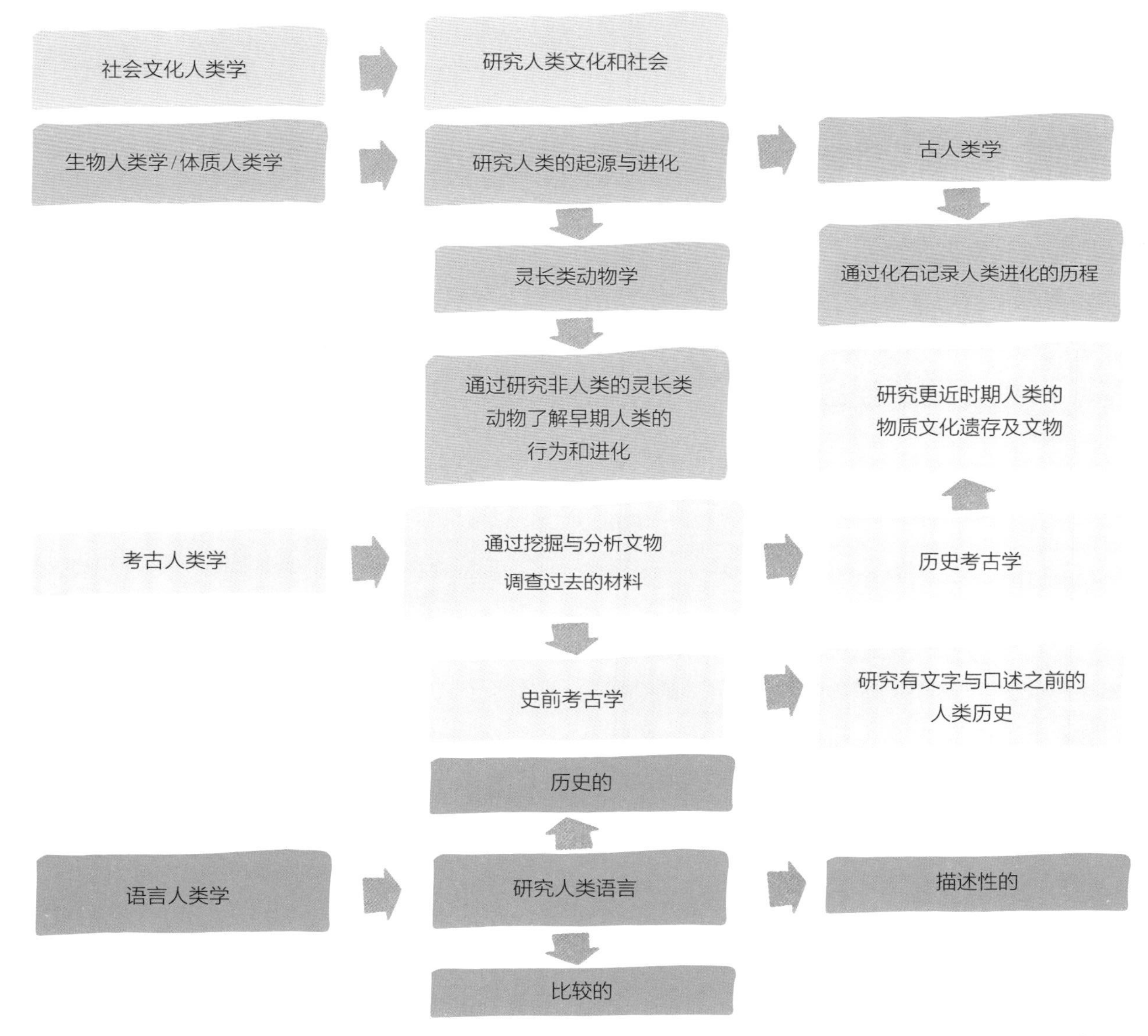
人类学：四大分支领域
社会文化人类学
研究人类文化和社会
生物人类学/体质人类学
研究人类的起源与进化
古人类学
通过化石记录人类进化的历程
灵长类动物学
通过研究非人类的灵长类动物了解早期人类的行为和进化
考古人类学
通过挖掘与分析文物调查过去的材料
历史考古学
研究更近时期人类的物质文化遗存及文物
史前考古学
研究有文字与口述之前的人类历史
语言人类学
研究人类语言
历史的
描述性的
比较的

生物人类学家珍·古道尔发现黑猩猩和人类有许多共同的行为模式

生物人类学/体质人类学

生物人类学/体质人类学主要研究人类的起源和进化，这意味着研究者要观察人类是如何随着时间的推移而发生改变并适应不同环境的。大多数研究人员都认同人类是从其他灵长类动物（如黑猩猩和类人猿）进化而来的观点。事实上，人们已经发现，人类和黑猩猩有99%的DNA（脱氧核糖核酸）是相同的，这意味着它们是人类最亲密的近亲。利用化石和DNA测序技术，生物人类学家正在进一步研究人类的进化过程，以及在过去的10万年里智人（现代人类）是如何从非洲去到世界各地的。

其他生物人类学家则研究现在的人类，比如人类体质的变化。随着人类在世界各地的迁徙和定居，他们的肤色、体型和面部形状的变化都可以归因于对环境的适应性。然而，人类之间的共同点远多于差异。这些发现帮助人类学家驳斥了“人类具有固定的生物性”这个不准确的观点。

生物人类学包含多个专业领域。

古人类学

古人类学的研究重点在于，通过分析化石遗骸来研究人类的进化。古人类学家挖掘人类祖先的头骨、牙齿和骨骼，跟踪调查不同时代人类体质的变化，比如体型大小、颅容量、头部形状和手部结构等。在此基础上，他们可以进一步了解人类在饮食、步行、智力和其他形式的文化适应性方面的发展。如今，越来越多的古人类学家开始利用分子遗传学来分析人类与其他灵长类动物之间的关系，并追踪人类体质的历时性变化。

灵长类动物学

灵长类动物学家通过研究非人类的灵长类动物和灵长类化石，如猴子、类人猿、黑猩猩和大猩猩，为人类早期行为的研究提供了重要见解。对灵长类动物的观察，丰富了我们对养育子女、性、群体合作与冲突、男女差异与认知等方面的知识，例如，灵长类动物学家珍·古道尔（1934年至今）研究的就是黑猩猩在自然环境中的行为。自20世纪60年代在坦桑尼亚开始她的研究以来，古道尔一直在质疑关于人类和猿类之间差异的假设。在她的研究开展之前，人们认为猴子和猿不具备人类特有的社会和情感特征。然而，古道尔发现，黑猩猩也会与其幼崽互动，建立亲密的情感依恋和强大的母子纽带。古道尔还打破当时的惯例，为她研究的灵长类动物取了名字，而非简单地给它们编号。她的研究对于我们理解早期人类、黑猩猩及现代人类的行为和健康是不可或缺的。

灵长目 ▶ 分类学意义上的灵长类动物家族，包括所有现代的和已灭绝的类人猿，有黑猩猩、大猩猩、红毛猩猩、倭黑猩猩和现代人类。

人科 ▶ 分类学意义上的现代人类部落，包括已灭绝的人种和我们的两足祖先，其中只有智人存活至今。

法医人类学

法医人类学是生物人类学的一个分支领域，《识骨寻踪》和《犯罪现场调查》等刑侦类电视剧令这门学科大受追捧。法医人类学家的主要工作是破译身高、年龄、种族、性别、死亡时间和原因等细节，以及分析其他人体骨骼方面的关键元素，从而帮助破解法律案件。本质上，他们的任务是解码隐藏在任何年龄或时间段骨架上的信息，用作破案证据。

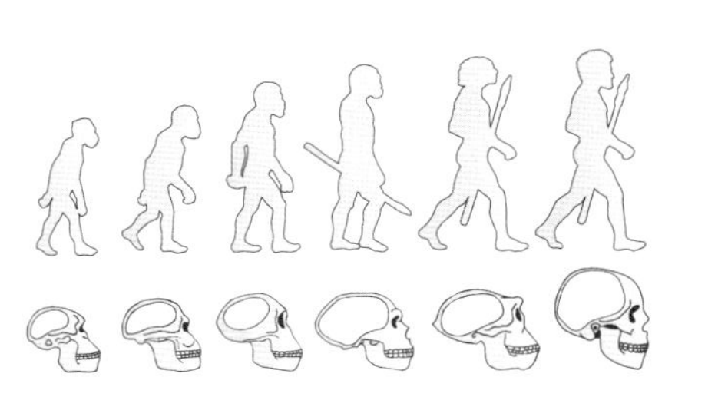

人类大家庭

研究灵长类动物的行为

林奈

科学家已经证实，在过去的几百万年里，有多达9个人类物种存在。1758年，瑞典分类学家卡尔·林奈（1707—1878）用“智人”来命名人类。林奈被公认为现代动植物分类学之父，然而，他也是一个臭名昭著的种族主义者。他用分类学方法将人类按照肤色划分为不同的等级，构成了今天的种族主义的基础。

考古遗址的发掘有助于揭示人类的起源和当今社会的发展史

法医人类学家经常与警方合作，但他们也研究历史上和史前的人类遗骸，以便更多地了解过去的人。例如，史密森尼学会的道格拉斯·奥斯利博士（1951年至今）研究过一副来自弗吉尼亚州历史上詹姆斯敦殖民地的14岁女孩的骨架。在发现她的前额曾被锋利的工具砍伤，并对其他生物指标进行分析后，奥斯利得出这个女孩死后为人所食的结论，从而证实了1609—1710年的严冬曾导致詹姆斯敦的殖民者出现了食人行为。

考古人类学

考古人类学家通过挖掘和分析手工艺品来研究物质层面的人类历史。通过研究考古发现的物品，如工具、陶器、艺术品、庇护所及人和动物的遗骸，人类学家可以重建过去人类的生活。考古人类学的研究横跨从人类起源至今的广阔时间范围。在公元前3400年左右美索不达米亚（今伊拉克）出现书写系统之前，史前考古学的研究为我们提供了有关早期人类社会的重要信息。同时，考古人类学家通过物质遗存和文字记录来研究更近时期的人类社会。

语言人类学家研究世界各地人们的多元化交流方式。想一想，我们的交流方式是如何变化的

非法移民项目是亚利桑那州南部当代考古人类学研究的一个例子。这项研究涉及对墨西哥与亚利桑那州之间最繁忙的一个无证移民过境点的挖掘工作，并促成了一系列有影响力的展览。通过试图穿越索诺兰沙漠的移民丢弃的那些物品，我们可以看到美墨边境的非法移民经历的严酷现实。这些研究使公众对移民这一充满政治色彩的话题的态度发生了转变，进而对移民政策的改变产生了重要意义。

语言人类学

语言把人类描绘成一个符号系统，我们可以通过它相互交流和传播文化。虽然动物也在通过不同的方式相互交流，但人类拥有复杂的语言系统——全世界有近7 000种不同的语言！语言总是受环境的影响而发生变化并做出适应。例如，社交媒体在不断产生新的词汇，推特上平均每秒钟就会产生6 000条新推文。

语言人类学家把语言视为人类社会的重要组成部分，并对其进行研究。这种把语言看作习得文化之途径的研究视角，使研究者能够注意到种族和性别等主题。例如，性别和种族差异是如何通过语言产生的？对此类问题的关注，促使许多语言人类学家致力于解决社会中不同形式的语言歧视、压迫和从属问题。

一些语言人类学家主要从事濒危语言的记录与保护工作，其他学者则关注语言方面的幼儿教育，如儿童如何通过语言和非语言形式交流与学习。

社会文化人类学

社会文化人类学是本书讨论的主要内容，该领域的学者主要从事对人类日常社会生活的研究，即通过比较不同文化中的观念、实践和制度，去观察人们如何在自己的世界中创造意义。20世纪70年代以前，大多数社会文化人类学家主要在非西方社会开展田野调查；而现在，人类学家开始关注各种各样的田野工作点，思考人们行为背后的原因，以及他们是如何生活在这个时而令人沮丧但又精彩纷呈的世界里的。

21世纪的人类学

现在，人类学已在世界范围内发展成一门成熟的学科，它推动我们

萨丕尔–沃尔夫假说

萨丕尔–沃尔夫假说的前提是，人类能够通过语言来体验自己的世界。这种被称为“语言相对论”的理论认为，人们可以通过嵌入到语言中的文化来理解自己的世界。例如，如果没有表达同理心的词汇，你可能就意识不到这种体验。

竖起大拇指的动作在美国、俄罗斯和澳大利亚有着截然不同的含义

你会把一瓶碳酸饮料叫作“苏打水”、“汽水”，还是“可乐”？

超越熟悉的社会环境，整合来自不同文化的知识和经验。今天的人类学家不局限于关注地理范畴上的“他者”，而是把文化相对主义的理念带到了研究对象的社会中。他们的田野调查范围从纽约市的垃圾收集、华尔街的金融家、硅谷的初创企业，延展到了线上的虚拟世界。随着人类学家的数量在全球范围内不断增长，他们专业的多样性也在不断提升，许多研究机构、系所等已经在医学、法律、激进主义、发展、媒体、政策、环境和移民等领域开拓出了新的子领域。

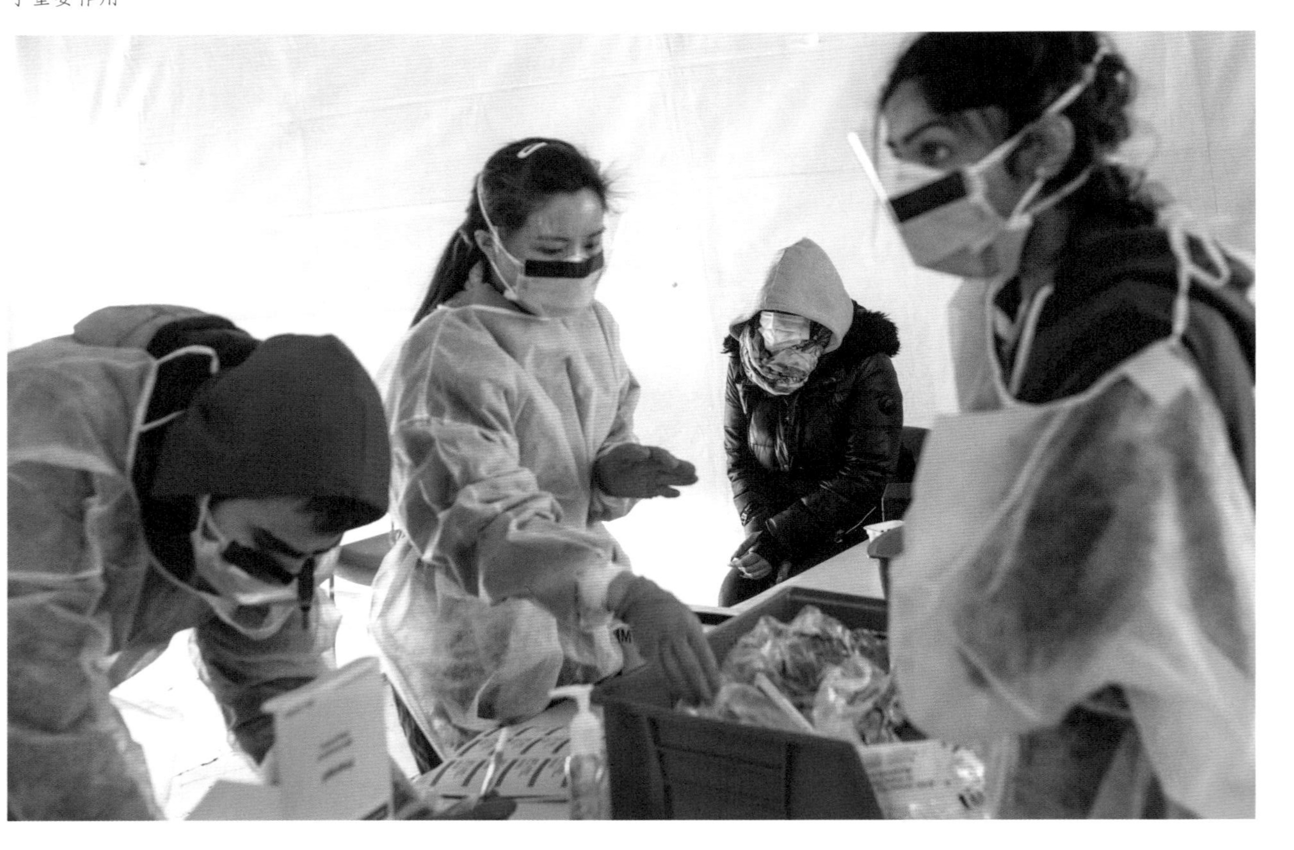

人类学家在研究新型冠状病毒肺炎的影响方面发挥了重要作用

与民族中心主义和西方例外论的抗争，持续激励着人类学家去质疑所谓的西方思维方式的优越性。马林诺夫斯基此前在特罗布里恩群岛的研究就是一个典型的例子，他质疑巫术、科学和宗教之间的区别，认为所谓的“野蛮人”和“文明的”西方世界的人都拥有理性的行为方式。同样的观点也适用于当代人类学在人道主义援助和国际发展方面所做的工作：他们与遗留的东方主义对话，批判性地分析哪些人继续被描述为低劣的或脆弱的，并担负着为人类提供“现代的”或优越的解决方案的使命。然而，人类学家并不忙于拓展各种发展项目，而是致力于与研究对象合作并整合地方性知识，为人类福祉做出贡献。

“向上研究”

人类学家劳拉·纳德1972年发表的文章《向上的人类学家：向上研究中的视角》，促使人类学家对他们的研究主题进行更广泛的思考。她认为，人类学家既要研究殖民者也要研究被殖民者，例如，他们必须关注银行的红线政策，以便了解贫困与贫民区。简言之，他们的研究必须深入各个层面。

当下的研究方式

如今，人类学家还在学术机构之外的各种环境中工作，例如，在大公司和非营利组织担任顾问，在博物馆担任馆长或在政府的政策制定部门任职。人类学家的职业多样性恰恰证明了他们在不同工作中的重要价值。

不断变化的研究领域

总而言之，21世纪的人类学告诉我们，严格的第一手田野调查资料和细致的跨文化比较，可以颠覆我们过去根深蒂固的思维定式，有助于我们从更加多样化的视角去看待世界上的各类重大议题。

第二章
田野工作与民族志

田野工作—田野工作的发展—走向合作与介入—前往田野点—民族志研究的路径—民族志

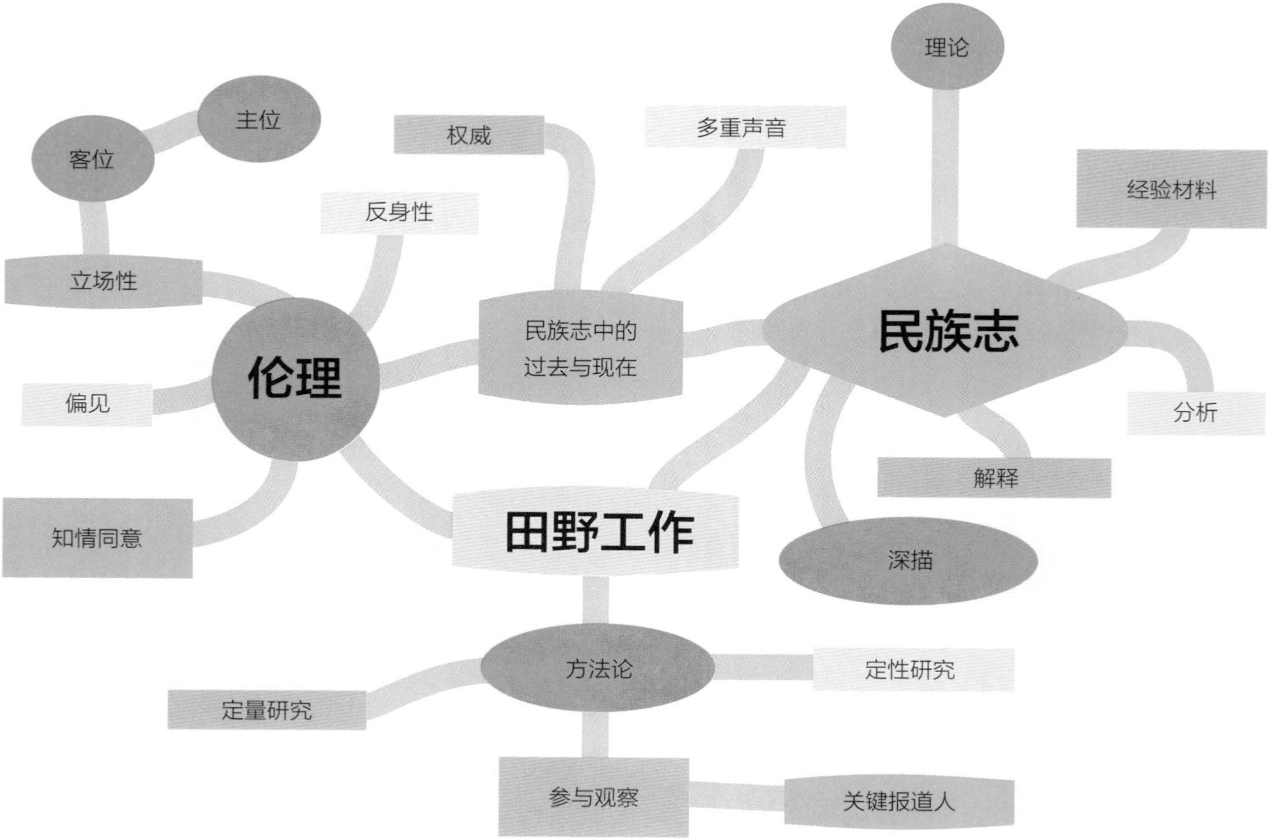

田野工作

进入田野

人类学在社会科学中独树一帜的原因在于，它强调要通过民族志式的田野调查来理解社会与文化及过去与现在。田野工作之于文化人类学家，就相当于化学家做实验、历史学家翻阅图书馆档案或生物学家观察动植物，是他们收集资料与数据的主要途径，而且研究人员的关注点常因田野中的最新发现而做出相应的调整。人类学家通常会在田野点花上一年或更长的时间，以便获得更多局内人（主位）的观点，以及研究对象的认可与接受。可以说，田野调查是一种在特定环境中“闲逛”（hanging out）的研究方法，即通过当地人的视角来理解他们的经验。

人类学家的实验室就在不同的社区里，图为一条位于巴西马瑙斯市德萨纳社区附近的小路

田野工作的策略

- 参与活动；
- 记录详细的田野笔记；
- 访谈；
- 拍照；
- 绘制地图；
- 录制视频或音频；
- 提前考虑田野工作的伦理问题并征得研究对象的同意。

田野工作的目的之一是了解研究对象的日常生活，并将其传达给其他人，从而使当地的经验变得易于理解。这就需要研究者采取文化相对主义的视角和开放的心态，去了解各种文化实践对参与其中的人具有何种意义。人类学指导我们反思自己的先入之见，重新思考人们为什么要做他们所做的事情，以及他们行为背后被赋予的意义和逻辑。在本书中，我们将就不同文化背景下的宗教、亲属制度、性别、性、种族及政治和经济结构等议题进行讨论。

霍勒斯·米切尔·迈那（1912—1993）在他的经典文章《纳齐雷玛人的身体仪式》（1956）中论述了“化熟为生，化生为熟”对人类学研究的重要意义。他在文中把纳齐雷玛人（“Nacirema”是“American”的反向拼写）刻画为一个奇怪的、鲜少被研究且有着奇异习俗的文化群体，并用一种怪异的方式描述了当地人的口腔卫生习惯。这篇文章意在讽刺人类学家描写“他者”的方式，引导读者重新思考何为“正常”及不同文化之间的共性。

浸入式田野调查

菲利普·布儒瓦对哈莱姆东区的贩卖强效纯可卡因生意的研究是浸入式田野调查的典型例子。布儒瓦通过与其研究对象长达5年的近距离互动，赢得了毒贩们的信任与尊重。他对纽约市中心居民面临的贫困、暴力、社会不平等和药物滥用等问题进行了研究，给出了一个更加微妙的视角。他认为“毒贩”不是传统意义上的人民公敌，而是陷入由大规模社会和政治动乱引发的结构性暴力模式的个体。

田野工作的发展

人类学田野调查的开端可以追溯到19世纪欧洲旅行者、传教士和商人们绘声绘色的记述。彼时，世界各地间的联系日益增强，殖民主义的扩张与国际贸易的拓展带回了大量关于外部世界的信息，在此背景下，早期的社会科学家和哲学家渴望理解人类社会与文化的多样性。

在人类学发展初期，研究者们很少开展实地的田野调查。19世纪和20世纪初维多利亚时代的人类学家主要依据旅行者们收集的报告，对其他文化和民族进行研究与分析。这种数据收集的方法并不可靠，因为这些报告要么不准确，要么对异文化做出了耸人听闻或充满偏见的描述。早期的

普遍性观念的挑战者

霍勒斯·米切尔·迈那（1912—1993）

菲利普·布儒瓦

摇椅上的人类学▶18—19世纪，社会科学主要从远处收集数据。

学者，如爱德华·泰勒（1832—1917）和詹姆斯·弗雷泽（1854—1941），都选择了最适用于他们所做研究的报告，导致了错误的种族主义结论的出现。

之后的几代人类学家试图重新解释这门学科，包括社会科学家应该如何研究世界各国文化的多样性。他们着手研究如何以专业的方式收集与处理数据及如何开展民族志式的田野工作，同时倡导研究者应长时间观察研究对象并与之交流。

在美国，人类学家弗朗茨·博厄斯主张结合人类学的四大传统研究方法进行田野调查，以获取文化、考古、语言和生物等领域的全面数据。他全身心地投入对西北太平洋夸扣特尔人的田野调查，观察他们生活的方方面面，细致入微地记录他们的文化。在博厄斯的研究生涯中，他专注于记录在欧洲殖民主义威胁之下的美洲印第安人的生活史、文化信仰与实践。这种文化保护方式后来被称为抢救民族志。

与此同时，波兰裔英国人类学家布罗尼斯拉夫·马林诺夫斯基，进一步丰富了田野调查的内容。他主张人类学家“走出走廊”（走出富有、舒适的生活），以参与观察的方式与普通人一起生活、互动。马林诺夫斯基在《西太平洋上的航海者》（1922）一书中仔细记录了他在当地的观察与种种经历，这本书后来成为民族志学者学习的典范。与早期的人类学家不同，马林诺夫斯基习得了当地的语言而不再依赖翻译。

美国人类学家：

爱德华·泰勒（1832—1917）

詹姆斯·弗雷泽（1854—1941）

身着因纽特人的驯鹿皮衣物的弗朗茨·博厄斯在钓鱼

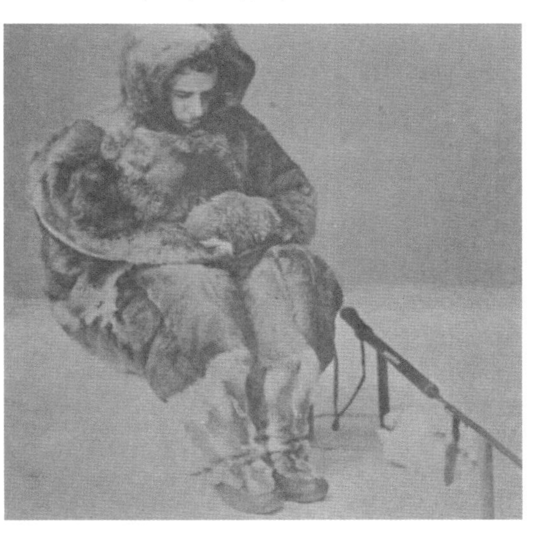

走向合作与介入

经济与社会影响

长期以来，社会行动一直是人类学学科的重要组成部分。早期的文化人类学家在改变西方社会的态度方面颇有建树，他们认为尽管肤色、性别或习俗不同，但人类是同一个物种。随着人类学学科的逐步专业化，许多人类学家致力于反映经济问题、阶级裂痕，以及种族主义和不平等产生的影响。例如，早在1879年，史密森尼学会民族学研究局局长约翰·鲍威尔就在美国国会作证说，由于向西扩张和修建铁路，印第安人遭受了种族灭绝之灾。自20世纪初以来，越来越多的人类学家强调了在田野工作过程中进行合作与介入的必要性。

性别期望

玛格丽特·米德对萨摩亚社会中性别角色的研究使人类学这一学科在美国大众中深入人心，她认为萨摩亚文化对男性和女性的期望不同于西方社会，因而萨摩亚的男女青年能够以平静、温和的方式度过传统意义上被西方视为“躁动”或“充满反抗意识”的青春期。米德利用自己的研究为妇女权利发声，并倡导社会在育儿方面削弱对性行为和性别的刻板观点。

玛格丽特·米德与一名巴厘岛妇女及其小侄女在一起

美国印第安人类学家碧翠斯·麦迪森（1923—2005）主要关注拉科塔印第安人的酗酒问题，并致力于为印第安人争取权利。作为拉科塔文化群的内部人，麦迪森能够深入分析当地人对酗酒问题的解释，以及戒酒和根治酗酒问题的方法。

合作始终是田野工作中的一个重要部分，研究人员必须以某种方式与参与者或关键报道人合作，才能使研究项目得以有效实施。合作民族志有意将合作推向前沿，将研究对象的角色从“线人”转变为“顾问”。相反，研究人员作为协调人，通过公平的研究伙伴关系，与他们的顾问合作解决以社区为中心的问题。例如，《我害怕那些水》（2020）是一部关于西弗吉尼亚州化学品泄漏事故及其引发的饮水危机的合作民族志。《水危机口述史》等图书项目通过对当地社区的研究，试图让人们了解这起污染了30多万人的饮用水的泄漏事故。

合作民族志

介入人类学 ▶ 运用人类学的分析框架和研究方法来解决公共问题，可以通过教学与公共教育、社会批评、合作、倡议及行动来实现。

前往田野点

人类学家在正式开始进行田野调查之前，需要做大量的准备工作，包括阅读研究点的背景资料和撰写文献综述。大多数人类学家都要学习研究对象的语言，这样一来，他们既不用找翻译，还能深入参与到社区的日常活动和互动中。

文化相对主义

田野调查清单

- 文献综述；
- 联络人；
- 确定研究问题；
- 申请经费；
- 研究签证和许可证明；
- 制度上的伦理要求；
- 准备好背包。

田野中的人类学家

多种研究方法

定性研究

不依靠统计学数据的描述性研究方法，包括生活史、日记、参与观察、开放式问卷和访谈等方法。

VS

定量研究

可测量的和运用统计学的数字研究方法，包括实验、问卷调查、在线民意调查、市场报告和对照观察等方法。

墨西哥移民项目是一个将定性和定量研究方法相结合的典型案例。该研究项目由瓜达拉哈拉大学和普林斯顿大学合作完成，结合了民族志研究法和抽样调查法，旨在收集有关墨西哥移民实际情况的定性和定量数据。该研究项目为墨西哥合法移民与非法移民的健康轨迹的分析提供了重要见解，展现了多种研究方法的结合对于全面分析问题的深远意义。

民族志研究的路径

生活史

生活史是对研究对象人生故事的叙述。该方法能为研究者提供研究对象社会经历的全貌，并显示出社区中的重要网络。研究人员经常在民族志中用生活史将读者与他们的研究背景紧密联系起来。

访谈

访谈是另一种定量研究方法，包括结构化、半结构化访谈或焦点小组访谈。通过访谈，研究者可以做出更加深刻的分析。

亲属关系分析

亲属关系分析是绘制家庭和社会关系的谱系方法。传统上，该方法被用于早期的人类学研究，因为过去的人类学家较为重视对非工业社区中亲属关系的分析。亲属关系图谱可用于说明社区中的各种关系。

问卷调查

一种可用于在广泛分布的人群中收集信息的定量研究方法。

其他数据来源

收集各类文件，如信件、地图、照片、实体人工制品、书籍、公共记录和报告等。

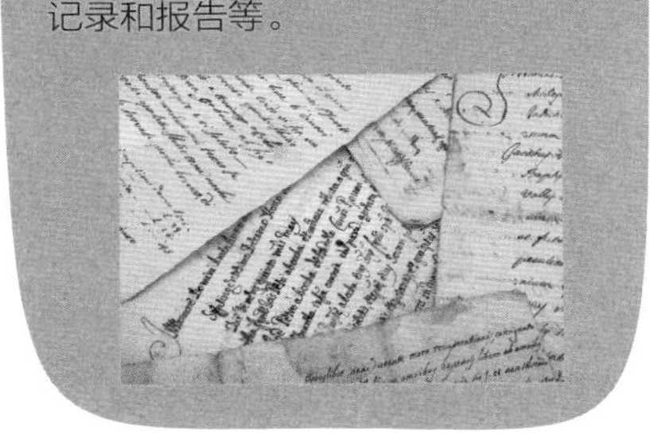

参与观察

参与观察是人类学家获取研究数据的主要来源。该方法要求人类学家在田野点与研究对象进行长期接触，并近距离观察他们的生活。研究者通过与研究对象的日常对话和对其经验的深入理解来获取数据。

关键报道人

关键报道人是人类学家与研究对象或社区之间建立密切联系的重要文化顾问或研究伙伴。

多点研究

多点研究

多点研究指人类学家开展研究的地点并不是单一、孤立的。随着全球化使世界各地的联系越来越密切，人类学家开始在多个地方进行研究，发掘看似不同的社区之间可能存在的种种联系。这种研究方法就是所谓的“多点民族志”。

卡罗琳·诺尔斯在《人字拖：穿越全球化的乡间小径》一书中，通过追踪人字拖这种全世界人民最常穿、最便宜的鞋子，开展她的多点民族志研究。这一研究路径将她从科威特的油田、韩国的石化厂和中国的塑料厂带到了埃塞俄比亚亚的斯亚贝巴的市场和垃圾填埋场。通过对物品从生产到处理的多点民族志跟踪研究，诺尔斯为读者们发掘出了商品生产在不同地方的线索。

伦理

伦理问题

在人类学成为一门学科的早期发展历程中，对研究项目参与者的伦理关怀一直是一个核心问题。人类学家以对研究对象的同理心为指导原则，以文化相对主义为目标，试图深入理解他们的经历。许多人类学家也因其研究对象的福祉而深感责任重大。然而，人类学家在进行实地调查时经常遇到严峻的道德和伦理挑战。

我的移民研究中会与那些逃离冲突、经历过暴力创伤事件并生活在国外不稳定局势中的人合作。关于被迫移民的田野调查，研究者需要考虑诸多关键的伦理学因素，以避免在人类学研究和写作中可能产生的道德和伦理学问题：

- 研究人员必须特别注意，背井离乡的人群往往处于不平等的权力关系中，他们的法律地位或生存依赖于赞助者、政府机构和救助服务中心。这种依赖性关乎研究对象的许可是否具有自愿性的问题。他们觉得有义务参与吗？或者，他们是否期望参与研究能为他们带来法律、物质或其他方面的利益？

在不同情况下寻求合适的伦理学指导

- 你的调查对象可能会揭露他们与极端恐怖组织之间的关系，或者他们曾经犯下的暴力罪行，或者向你透露他们的庇护申请中的不准确之处。研究人员不具备律师拥有的法律保护效力，因此研究对象必须意识到他们对任何犯罪行为或自我伤害行为的披露无法得到完全的保密。在某些情况下，研究对象的身份识别可能会对他们的安全、移民状况或救助资格造成严重后果。
- 在整个庇护过程中，寻求庇护的人不得不向法律专业人士、移民官员和救助服务提供者多次讲述自己的经历。研究人员的提问可能会再次勾起研究对象对暴力、冲突和虐待等创伤经历的回忆。
- 最后，学术研究可以为那些被迫移民的人改进相关政策与法规而做出贡献。但事实上，研究结果往往不会与调查对象和非学术伙伴分享，而仅仅有益于学术研究人员。因此，作为一名研究人员，你如何确保你的研究成果能够便捷和及时地向外界传播？

不伤害他人

人类学家共同遵守的道德准则的核心是不伤害他人。作为人类学家，我们努力关注世界各地的政治、经济和文化问题，但这决不能以牺牲研究参与者的利益为代价。

过去，进行田野工作的人类学家常常服从于西方殖民地政府人员和军事人员的要求，后者支持人类学家展开田野调查，以换取对他们统治下的当地居民的详细分析。例如，在第二次世界大战期间，许多纳粹人类学家深入参与了大屠杀的暴行。与此同时，在美国和其他地方，人类学家因其跨文化的知识储备而被招募到军事情报部门工作。在20世纪60年代的越南战争期间，一些人类学家因与美国军方合作而遭到严厉批评。

为了逃离国家正在发生的冲突而来到检查站的叙利亚人

近年来，美国和其他国家的军方在阿富汗和伊拉克招募了一些人类学家作为跨文化研究专家，旨在促进该区域的公平决策。然而，这些机构联盟重新引发了关于人类学家在军事行动中的作用的辩论。“学科武器化”的谴责声此起彼伏，人们认为，人类学的研究方法和知识沦为了战争的工具。

思考研究的影响

最重要的是，人类学家必须深刻反思研究对个人、社区和环境的长期影响。我们很难预见研究者在田野点的遭遇会产生怎样的后果，我们也无法知道研究者的作品出版后又会发生什么。因此，人类学家应该不断重新评估他们的研究和著作，以免他们的报道人及其社区遭受伤害。

学术辩论：军队中的人类学家

机构的伦理审查委员会

在开始田野调查之前，研究者通常会将他们的研究计划提交给学术机构的伦理审查委员会（IRB）。该委员会由大学的资深教员组成，他们审查研究计划，以确保研究者消除或减少了潜在的道德问题。

知情同意原则

人类学研究者有义务通过取得报道人的同意来保护他们的利益，这是报道人同意参与研究的基础。知情同意原则最初是为医学和心理学研究设定的，目的在于保护参与研究的受试者。这些准则很快就与人类学研究产生了联系，用于保证研究对象是自愿参与的，而非受到强迫。最重要的是，参与者必须了解人类学家是谁，研究项目涉及什么，这样他们就能意识到自己的参与可能带来的风险，并随时拒绝参与。

人类学家通常应请求潜在参与者以口头或书面方式表示同意参与研究。研究者会提供一份文件概述研究的性质、谁在支持这个项目、研究成果如何使用、谁有权使用它，以及参与研究有何风险。在某些情况下，正式的政府风格的文件可能会吓到参与者。有时，社区成员可能无法阅读或书写。因此，人类学家必须根据研究环境的性质来确定取得报道人同意的最佳方式。

取得知情同意

确保匿名与隐私性

人类学家在田野工作中需要考虑的一个重要因素是，确保报道人的隐私和安全。当我在非法移民中进行研究时，我明白参与者的法律状况令他们处于危险的境地。所以，我在研究中使用了假名，隐藏了所有报道人的个人及其社区的信息，以免他们被认出。因此，确保匿名与隐私性有助于确保人类学家的研究不会对研究对象及其社区造成伤害。

研究成果的可获取性

最后，人类学家应该确保参与者能够获取到他们的研究成果。

重要的是，确保能让那些参与研究的人从中受益，包括以相关语言和多种媒介（书面、口头、视觉）的无障碍形式传播研究结果。为了确保产生最大的影响，研究人员还可以与参与者一起制定文本、附带项目等，为当地社区提供切实的支持。有时这是不可能做到的，特别是参与者搬到其他地方的话，但研究人员仍然可以公开研究结果，并考虑如何使其有用。

让你的研究成果可被获取

积极行动人类学与伦理立场

尽管许多人类学研究旨在解决研究对象面临的重大挑战，但积极行动人类学已经发展成介入和应用人类学的一个特定子领域。积极行动人类学旨在帮助处于抗争中的有组织的群体。该领域的学者与其研究对象建立起紧密联系，致力于帮助后者取得积极的政治成果。作为这种政治结盟的结果，积极行动人类学提出了重要的伦理学问题，这些问题与田野工作中的人类学家息息相关。

人类学家应该站队吗？

政治参与

拉美人类学家查尔斯·黑尔（1957年至今）是积极行动人类学的有力支持者。黑尔与尼加拉瓜原住民社区阿瓦斯廷尼就原住民的土地权利问题进行了合作研究。当地社区成员曾处理过尼加拉瓜政府入侵他们祖传土地的事件，因为尼加拉瓜政府将该地的伐木权授予了一家跨国公司。在多次调解未果后，黑尔向美洲人权法院提供了专业的证词，支持阿瓦斯廷尼人的主张，保护了他们的权利。

黑尔的研究与他主张的积极行动方式遭到了一些人类学家的抨击，批评者认为只有将人类学从政治实践中剥离出来，才能产生精确的知识。因为积极行动人类学家优先考虑某个特定群体的目标，这种结盟会使人类学家与对立一方的关系变得紧张。在正义的斗争中，“站队”的伦理是什么？人类学家怎么知道什么是对的？如果斗争变得暴力，人类学家加剧了紧张的局势，又该怎么办？但是，考虑到关键伦理原则，人类学家是否应该在不平等和压迫面前保持“中立”？对积极行动人类学家来说，重要的是认识到所有研究都是以某种方式定位的。积极行动的研究方法会使人类学家的政治态度明确化，并在田野工作中提出他们的政治观点。

民族志

民族志包含很多内容：一种田野工作方法论，一种描述性理论，一种对田野工作的实际描述。作为一种研究策略，民族志可以使研究者深入了解人们如何看待和理解自己的世界。在这种沉浸式研究中，人类学家必须思考如何将他们的研究发现与田野工作的民族志描述结合起来。许多经典的民族志文本和电影都是由早期人类学家创作的，他们把读者带到缅甸的高地、观看印度尼西亚的斗鸡、体验盛行于内华达州北部的派尤特人和南苏丹的努尔人中的鬼舞。民族志学者及其作品力求解读人及其经验，从而为“人的科学”做出贡献。早期的民族志研究主要由来自美国和欧洲学术机构的白人男性学者主导，研究的则是地理位置遥远的非西方社会。人们认为对遥远社会的关注是合理的，因为他们相信人类学家置身于新的文化时可以收集到特别的见解。因此，亚马孙流域的部落或太平洋岛屿等成为当时常见的研究地点，掀起了外国人前往遥远的非西方社会研究所谓的“他者”的浪潮。

（民族志）意味着尽可能地利用自我作为认知工具去理解另一个生命世界。

——雪莉·奥特纳，《人类学与社会理论》（2006）。

早期著名的民族志

在《努尔人》(1940)中，埃文斯–普里查德(1902—1973)系统地记录了南苏丹群体的社会结构和社区生活。后来他因为忽视了英国占领苏丹的社会背景而受到批评。

美国人类学家詹姆斯·穆尼(1861—1921)在美国东南部的印第安人中进行了广泛的田野调查。在他于1896年发表的民族志中，他认为鬼舞是印第安人出于对当时美国殖民者的恐惧而发起的宗教运动。穆尼还主张为美国印第安人争取宗教自由的权利。

英国人类学家埃德蒙·利奇(1910—1989)完成了关于克钦人的社会和政治组织的民族志。与早期人类学家的研究方法不同，利奇试图研究的是当地社会的差异和变化，而不是文化的局限性。

马林诺夫斯基的《西太平洋上的航海者》(1922)是对新几内亚特罗布里恩岛民的一项开创性研究。

该领域的早期人类学家

詹姆斯·穆尼(1861—1921)

E. E. 埃文斯–普里查德(1902—1973)

埃德蒙·利奇(1910—1989)

深描

人类学家克利福德·格尔茨（1926—2006）在他的经典文章《深层游戏：关于巴厘岛斗鸡的记述》（1973）中提出了“深描”理论。“深描”作为一种研究方法，旨在把对实地经验的详细描述与更广泛的社会和文化意义结合起来。在格尔茨的分析中，斗鸡不只是一种娱乐活动，更象征着村庄里几代人的声望和权力。

文化本质主义

▶ 文化本质主义认为，人们是不同且固定的文化身份的被动载体。你可能听过“泰国人如此友好”之类的说法。这种观点将泰国人笼统地概括为具有与生俱来的共同行为和情感的群体，而忽视了其种族或民族群体的多样性。

这一时期的民族志旨在通过对努尔人、特罗布里恩岛民或日本人等群体进行全面的描述，发现不同民族文化之间的同质性。这种研究动态后来引发了许多关于西方（通常是白人男性）学者成为其他文化方面的权威专家这一现象的讨论。此外，学界还对文化本质主义的概念提出了质疑。在这些民族志学者的笔下，非西方文化被描述为有边界的实体，存在于“现代西方”之外的一个永恒的玻璃盒子里。早期的民族志往往以罗列研究群体的文化特质的形式出现，包含大量关于当地宗教、仪式、政治、经济、亲属制度和物质文化等方面的信息。

文化本质主义

从那时起，人类学进行了大量的反思，来自非西方国家的有色人种、女性和人类学家重新定义了“学术”。现在人们已经很清楚地认识到，群体内部存在着不同程度的分裂、差异和变化。对文化和社会动态性的认识使民族志学者能够深思这些基本事实，并越发关注不同的观点。与此同时，近几十年来，民族志田野工作不断变革，试图开辟出一条参与度和透明度更高的道路。如今，大多数民族志研究项目都将研究对象视为项目的参与者，并将他们的声音融入民族志文本。

反身性

多重声音

民族志学者倾向于使用不同的策略，以尽可能地代表报道人的多重观点。过去，民族志反映的观点十分有限，并且常以权威人士为中心。为了回应这类批评，人类学家发展出多声性等新方法，试图在学术写作中融入多重声音。

人类学研究中的多重声音可以通过多种方式来体现，例如，在文本中直接加入报道人的原话，而不是对其意译或复述，人类学家也可以与报道人共同创作民族志。这种方法能使研究对象和研究人员处于更加平等的地位，同时确保人类学家对他们的研究方法和数据负责，还有助于引出在研究过程中发生的故事，有助于读者更好地形成自己的观点。

一个体现多重声音的例子

1997年，帕蒂·拉瑟和克里斯·史密斯合著的《困扰天使的民族志：与艾滋病毒/艾滋病共存的妇女》一书收编了患病女性的诗歌、信件、演讲和电子邮件，旨在为患艾滋病的女性发声。在这本书中，女性的话语在页首以较大的字体呈现，而研究人员的叙述在底部以较小的字体呈现。拉瑟和史密斯还在这本书出版前将文稿交给了这些女性。

在内罗毕排队接受艾滋病检测的肯尼亚女性

反身性

在人类学“反身转向”之前，研究人员只会进行最低限度的自我批评，所以很少有人认识到研究者在他们所研究的世界中起到的作用或产生的影响。然而，从20世纪60年代起，人类学家开始仔细地思考自己在田野中

讲故事的方法不止一种

过去，人类学家的叙述通常以自我为中心，就好像他们是唯一的权威，几乎不会接纳其他的观点或解释。马杰里·沃尔芙（1933—2017）在《一个讲三次的故事：女性主义、后现代主义和民族志的责任》中表明，同一个事件可以由同一位研究人员以多种方式来呈现。她从三个不同的角度讲述了一个女人的故事：一篇短篇小说，一篇田野笔记，一篇人类学文章。这三种不同的叙述方式引发了人们对民族志文本的反身性的思考。

的位置，包括反思自己的性别、种族、年龄、性取向、国籍和生活经历可能会对他们的调查和分析产生的影响。

这些批评声部分源于女权运动，凸显了学界对女性经验和观点的忽视与歪曲。与此同时，塔拉尔·阿萨德（1932年至今）等后殖民主义学者开始质疑有多少人类学研究被加上了民族中心主义的滤镜，倾向于把那些研究对象描绘成奇异或落后的。女权主义者和后殖民主义人类学家敦促研究者更具批判性地反思他们在田野工作中的位置及与其研究对象之间的关系：他们如何成为试图研究殖民地的殖民权力的一部分，或者如何成为试图理解女性的男性，又或者如何成为研究工人阶级的富有的中产阶级。从那时起，人类学家对他们的工作进行了重大调整，并将他们的研究与自身的价值观、政治身份和信仰分离开来。

《昨天，我发现自己是一个卡通人物。我彻夜未眠，试图确定自己到底是线条还是线条之间的空隙》，作者杰拉尔德·格洛，longleaf.net（1996）。

在《摩洛哥田野作业反思》（1978）一书中，保罗·拉比诺（1944年至今）着重阐述了他与报道人之间的关系，揭示了沟通中可能导致他形成其他解释的误解与误会。拉比诺清楚地强调了源于他的个人经历和身份的文化中介，正是这种中介导致意义的可能性不断发生变化。在拉比诺尝试主位写作风格的同时，詹姆斯·克利福德（1945年至今）和乔治·马库斯的《写作文化：民族志的诗学与政治学》（1986）等著作则探讨了不同写作风格可能会对读者产生的影响。总而言之，这种对人类学反身性的推动促使人类学家面向镜子，承认他们就是自己研究中的演员。

实验多媒体民族志

使用多媒体

长期以来，经典的民族志著作因无法讨论权力问题而受到批评。因此，民族志学者尝试用一系列不同的技术和媒体，吸引他们的报道人和公众成为积极的参与者，如艺术、电影、数字技术、新媒体和表演研究。

实验电影就是这样一种身临其境的方法，民族志学者用它来解决关键的社会问题。法国电影制片人、人类学家让·鲁什（1917—2004）称他的方法论为“共享民族志”。他的电影《美洲豹》

（1967）经常被当作电影制作人和拍摄对象之间合作的典范。在对加纳国内移民的田野调查中，鲁什与三名从尼日尔到阿克拉寻找工作的桑海人进行了合作。《美洲豹》强调通过即兴对话向人们展示日常生活情景，是法国“真实电影”运动的代表作。鲁什鼓励他的参与者为电影创作贡献自己的想法，并以电影制作人的身份进行创造性探索。这部电影在当时颇具开创性意义，因为它突破了传统民族志的表述界限，舍弃了电影制作者的权威，特别是来自该文化之外的权威。

多媒体民族志工作者：

让·鲁什（1917—2004）

郑明河

金·福尔顿

迈克尔·福尔顿

越南电影制片人郑明河（1952年至今）继续秉持这种精神从事着民族志工作。她的电影《姓越名南》（1989）以非传统的纪录片风格，探讨了西贡沦陷后越南女性的经历。这些采访都非常程式化，大字幕叠加在女性的面部和身体上。这部电影虽然看上去是典型的越南片，但之后的采访很明显是分阶段进行的，这导致人们对纪录片的真实性、民族志的表述和“他者”的客观化产生了疑问。

数字技术为人类学家提供了一系列新的可能性，使世界上越来越多的大众群体能够在线获得人类学研究项目的信息。例如，秘鲁数字项目是秘鲁利马天主教大学和中佛罗里达大学的人类学家合作开展的数字民族志项目，该项目通过互动和沉浸式的数字环境向外界展示了秘鲁的节日和民俗。

同时，参与式设计项目将人类学家和社区聚集在了一起，以研究如何通过数字形式来呈现文化理念。在这种项目中，民族志工作者与他们的研究伙伴合作创建多媒体平台，而这也是最终的民族志输出成果。金·福尔顿和迈克尔·福尔顿的哮喘档案项目就是其中的典范，该项目包括访谈和民族志调查结果的数据库，旨在促进对全球哮喘发病率急剧增加的现状和对公共卫生面临的挑战的理解。哮喘档案向我们展示了可以如何使用数字工具进行民族志分析，以及如何在民族志知识的生产过程中为报道人和受众建立数据库。

哮喘档案是在线合作民族志项目的典型案例

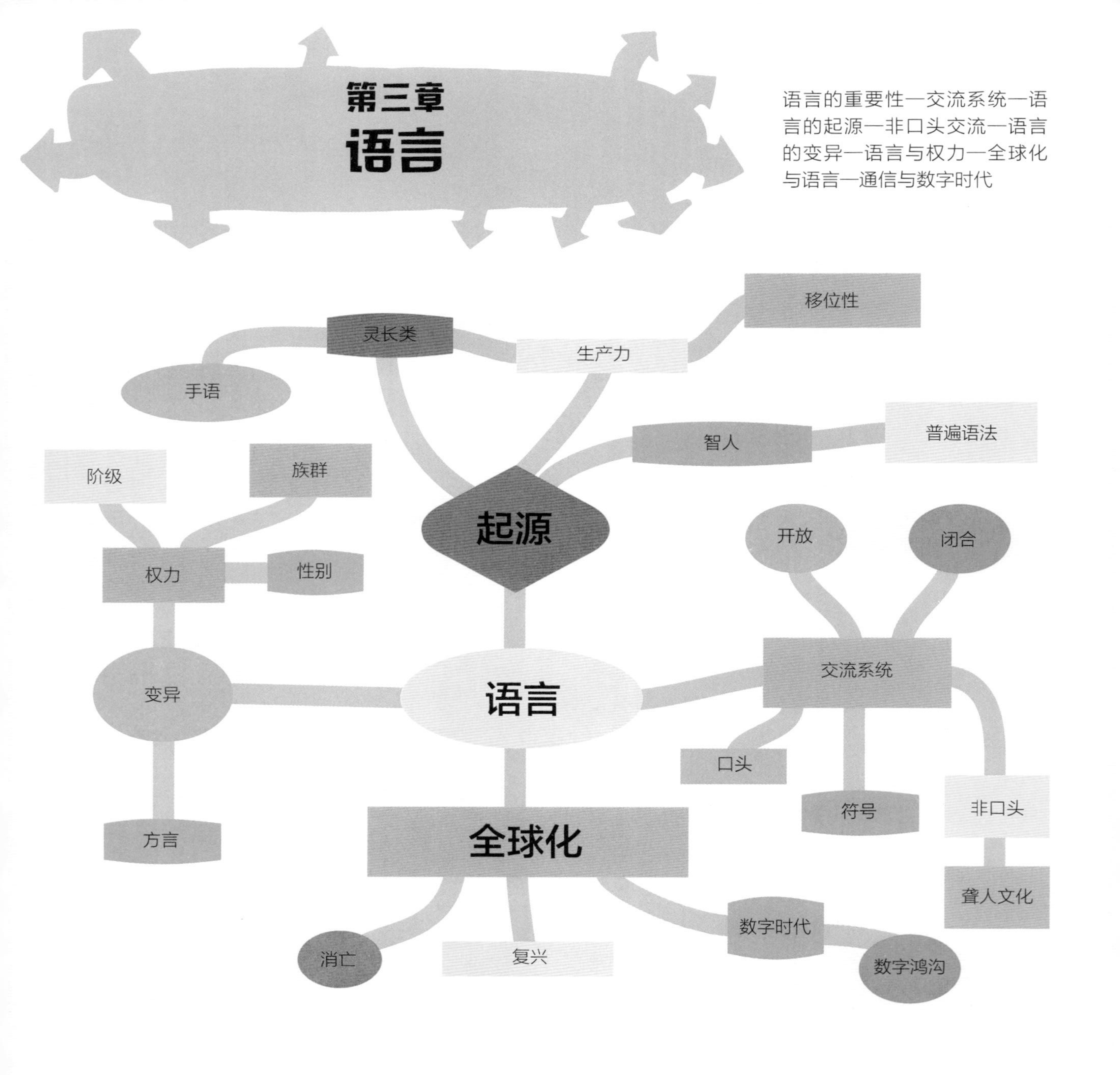
第三章
语言
语言的重要性—交流系统—语言的起源—非口头交流—语言的变异—语言与权力—全球化与语言—通信与数字时代
灵长类
生产力
移位性
手语
智人
普遍语法
阶级
族群
起源
开放
闭合
权力
性别
变异
语言
交流系统
口头
符号
非口头
方言
全球化
聋人文化
数字时代
消亡
复兴
数字鸿沟

语言的重要性

在有关移民的论述中，“非法”或“非法移民”这两个词十分常见。尽管它们常因不准确且贬义的描述而受到批评，但这些术语的确已经进入了规范化的媒体和政治话语。支持移民的人们认为，将某人称为“非法”意味着他的存在本身就是违法的。然而，在没有签证的情况下居留在一个国家并不构成持续性犯罪行为。另一些人则通过相关案例，指出“非法移民”之类的术语不仅不准确，还用一种笼统的犯罪假设取代了复杂的法律情况，剥夺了个体的人性。

在美国，对移民问题的忧虑引发了“放弃I字”运动。2019年，纽约市禁止使用“非法外国人”（illegal alien）一词来贬低、羞辱或骚扰他人。美国其他州也纷纷效仿，并用“无证移民”（undocumented immigrant）一词作为替代。对移民问题表述的关注证明了语言的重要性。尽管语言是一种社会交流手段，但它也可能被用作一种分裂的工具，将某些人标记为具有内在威胁性或外来性的群体。这一认识呼应了语言人类学的中心原则：语言不仅是指代或描述世界现象的被动手段，还能在文化语境中创造出社会关系。

人类语言可以被理解为文化最重要的特征之一。没有语言，复杂的人类文化就不可能存在；而没有文化，语言也无法存在。人类用语言思考并进行文化活动。目前，世界上有近7 000种语言在使用，通过这些语言，文化得以分享并世代相传。语言人类学家主要关注语言在个人和社区生活中的作用。

语言创造了社会关系，并且有可能成为一种分裂的工具，这就是人们反对使用“非法”一词的原因

交流系统

所有动物都以某种形式的沟通系统进行交流，通常包括动作、声音或气味等。例如，抹香鲸利用点击声发出“密码”在彼此之间传递信息；大象发出的隆隆振动的次声，因为频率太低而无法被人类察觉，却能被在280千米以外的同类无障碍地接收；蜜蜂用舞蹈动作来传递方向信息；大猩猩吃东西时会发出哼哼声；白犀牛则将公共粪堆作为信息交换的中心，通过粪便的气味向其他群体成员传递信息。

这些都是发送者向接收者提供信息并进行沟通的例子，但它们都不同于人类的语言符号系统。人类的语言是一种利用符号（包括声音、词语和手势）来传达意义的交流系统。这些系统以特定的方式组织起来，具有深刻的文化和历史意义以及难以置信的活力和创造性，能够适应环境和社会的变化而不断发展。

上：白犀牛及其信息交换中心。下：跳舞的蜜蜂

大多数动物使用的交流系统都是封闭的，无法创造新的信息，但人类可以通过开放的语言系统进行交流，从而使其传递的信息和意义不断实现创新。除了少数物种外，大多数动物天生便被赋予了交流系统，所以不需要学习。

符号 ▶ 用于表示自身以外的事物但本身并无意义的东西。符号和其意义（指示物）之间没有明确的联系，这就是所谓的任意性。

人类语言是用于沟通的符号系统

“红色”这个词不是红色的，而“大”这个词本身就相当小。——卡斯凯、西姆纳和科比（2017）

谁在说话？

非洲灰鹦鹉被公认为鹦鹉中最健谈的物种，但它们不像人类那样用声带发声，而是通过将空气吹过气管或呼吸管发出声音。一只名为普鲁多的非洲灰鹦鹉掌握了1 000多个单词，成为词汇量最大的鸟，赢得了吉尼斯世界纪录。其他非洲灰鹦鹉也因其语言能力而广受赞誉。20世纪70年代，动物心理学家艾琳·佩珀伯格（1949年至今）与一只名叫亚历克斯的非洲灰鹦鹉合作，完成了一部分关于鸟类交流的研究。亚历克斯的表现证明鸟类可以创造性地使用词汇，以及理解诸如“大”和“小”、“相同”和“不同”等概念。

狗

在英语中，“狗”一词通常用于指四条腿的犬类，而在乌尔都语中，“狗”一词用于指犯罪的人。

天使

在英语中，“天使”一词用于指有翼的超自然生物；在德语中，“天使”一词用于指鱼竿；在荷兰语中，“天使”一词用于指刺。

炸薯条

英国人用“chips”表示“炸薯条”，而法国人和美国人用“chips”表示薯片或英国人所说的“炸薯片”（crisps）。

这说明了语言中的词汇是如何符号化的，能指（声音模式）和所指（概念）之间往往不存在逻辑关系。不同的文化赋予同一个词汇的意义可能完全不同。因此学习相关语言来理解一个特定词汇的意义是有必要的。

波巴－奇奇效应

哪个形状是“波巴”，哪个形状是“奇奇”？

波巴－奇奇效应源于20世纪20年代德裔美国心理学家沃尔夫冈·克勒（1887—1967）的一项研究。他向参与者展示了与左边图片形状相似的图案，旨在研究语音和物体视觉形状之间的象征关系。

2001年，维兰努亚·拉玛钱德朗和爱德华·哈伯德用“波巴”（bouba）和“奇奇”（kiki）两个词复刻了克勒的实验。他们有两组参与者，一组是美国大学生，一组是讲印度泰米尔语的参与者，要求参与者辨别哪个形状是“波巴”，哪个形状是“奇奇”。有趣的是，两组的实验结果高度相似，大多数参与者都选择圆形图案作为“波巴”，选择尖刺形图案作为“奇奇”。这项研究表明，人们倾向于将意义附加到词汇之外的形状和语音等事物上，这意味着语言有时并不像我们想的那样具有随意性，而是涉及与其他感官之间的联系。

语言的起源

人类学家不断思考人类语言的起源。灵长类动物学家尤其关注灵长类动物（包括猩猩、黑猩猩和其他类人猿）之间的交流和语言的使用。灵长类动物拥有相当复杂的手势交流系统，能将肢

灵长类动物与手语

研究人员使用美式手语测试灵长类动物是否具有对人类语言的认知能力，他们认为灵长类动物主要通过手势来表达自己，因此手语可以揭示灵长类动物的语言心理能力。20世纪60年代，一只名叫华秀的黑猩猩成为第一只精通手语的黑猩猩，它掌握了大约250个手语词汇，并且可以将不同的手语词汇进行组合。另一只名叫可可的大猩猩因喜欢小猫和罗杰斯先生（美国著名儿童节目主持人——译者注）而出名，它掌握了1 000多个手语词汇，能听懂2 000个英语口语单词。

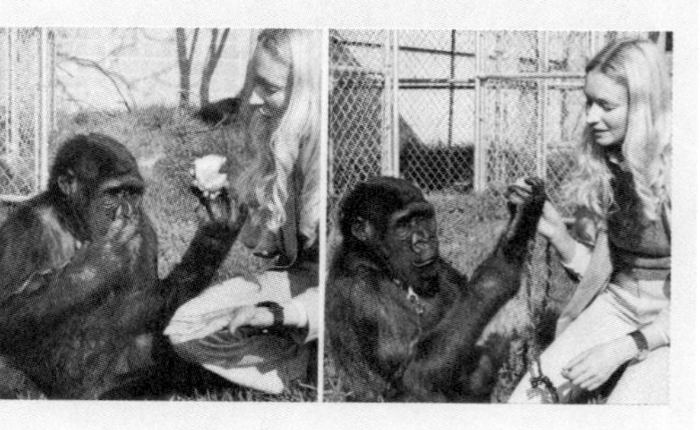

体语言、声音、面部表情、气味和触觉结合起来使用。非人类的灵长类动物不具备通过操纵声带、嘴唇、舌头产生声音和语言的能力，人类却能在沟通过程中用手势交流，我们生活中使用的很多口语很可能就是由此进化来的。

大猩猩可以掌握基本的语言符号，甚至理解人类语言中的重要内容，这表明它们具有创造性地组合词汇生产和理解信息的能力。有时，大猩猩对语言的使用也会反映出它们对眼前事物之外的未来、过去与虚构场景的描述。不过，归根结底，灵长类动物无法像人类一样创造或使用语言，也无法像我们一样除基因遗传之外在代际间传递大量的信息。人类将概念转化为无数具有创造性的词汇序列的能力，在自然界是前所未有的。

一些研究人员把学习人类语言的能力归结为一个基因——FOXP2。研究表明，FOXP2基因对语言及其发展至关重要，这一论点可以将人类语言的起源追溯到15万年前的某个时间点。然而，人类语言的进化依赖于FOXP2突变的观点遭到了多方质疑。另一项研究发现，智人和尼安德特人的FOXP2基因存在相同的突变，这意味着FOXP2突变发生在50多万年前这两个种群分化之前。显然，FOXP2只是解释的一部分，科学家还在继续研究其他基因，比如一种被称为小头畸形的基因，它对大脑的发育可能必不可少。

语言是智人特有的吗?

早期尼安德特人和古人类亲属的铸型脑部化石等考古学证据，证明了语言所需的身体解剖结构的存在。人类祖先合作狩猎和制造工具的能力表明，早在200多万年前尚未进化为智人之时，早期人类就有了语言。艺术品、工具等相关考古证据，证明了语言的代际传播。此外，语言也在一定程度上大大提高了人类祖先在恶劣环境中的生存能力。

体质人类学家发现，尼安德特人的舌骨化石与现代人的舌骨化石几乎没有什么不同，并据此推测二者可能以同样的方式使用舌骨。对人类以外的灵长类动物来说，舌骨不适合发声，而这种马蹄形的骨头支撑着舌根，对于说话至关重要。计算机模拟显示，如果尼安德特人也能以类似的方式使用舌骨，那现代人可能就不是唯一能说复杂语言的人类。

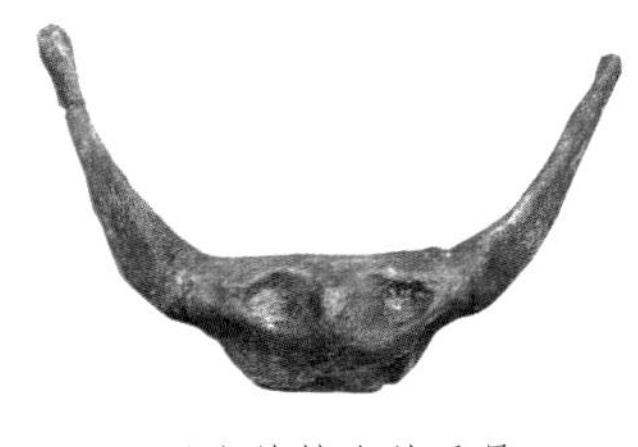

尼安德特人的舌骨

诺姆·乔姆斯基

语言习得的先天性

1957年，著名语言学家诺姆·乔姆斯基（1928年至今）出版了开创性的著作《句法结构》。在这本书中，他提出人类天生就有学习语言的能力。根据乔姆斯基的理论，所有语言都遵循某种普遍的语法规则，从我们出生之日起，这些规则就与我们的大脑紧密相连。如果一位来自火星的语言学家访问地球，那么他就能推断出我们的语言具有许多变体。因此，孩子们不仅能复制他们周围人使用的语言，还可以推导出语法规则并生成无数的新句子。而我们习得的具体是英语、阿拉伯语、汉语还是其他语言，则取决于我们所处的社会背景。

世界上有75%的语言（包括法语、越南语和英语）使用“主谓宾”结构，比如，“孩子们”（主语）“吃”（谓语）“蛋糕”（宾语）。其他25%的语言使用“谓主宾”（如威尔士语）或“谓宾主”（如马达加斯加语）结构。还有少数语言（如拉丁语）使用自由语序。

语言习得机制

普遍语法规则论受到了一定的批评，但人们通常认为，所有正在发育的人类婴儿都拥有天生的语言能力。即使没有正式接受教育，孩子们也能通过倾听周围人说话自然地掌握词汇、发音、语法规则和社交线索。接触手语的儿童亦如此。乔姆斯基将这些天生的语言学习工具称作语言习得机制。

早期接触语言的重要性

如果周围没有人使用语言，孩子们就会慢慢失去自然习得语言的能力。研究者在对一些曾受到严重虐待且直到青春期才接触语言的孩子进行研究后得出了这一观点，该理论被称为临界期假说。因此，在青春期过后学习另一种语言需要付出更多的努力，而且学习者很难在发音等方面达到流利程度。

口头交际：语言的结构

语言是由符号系统组成的。这些原本毫无意义的语音、手势和书写符号，在人们共同生活和进行文化交流的过程中，被群体或社区赋予了意义。对语音、符号和手势等结构要素进行观察、描写、分析、研究的学科被称为描写语言学。

描写语言学试图描述特定语言的规则和要素，并分析其基本语音。该学科注重语言的词库，以及语音是如何组合成语素的。说话者通过句法的特定模式和规则将语素结合起来，形成短语和句子。描写语言学家还通过研究不同语言的句法规则来构造完整的句子。

在英语句法中，语序很重要，而在某些语言中，语序则显得微不足道。尽管在英语中“孩子吃了冰激凌”和“冰激凌吃了孩子”这两个句子包含相同的单词，但二者的意思截然不同。芬兰语等语言则具有更加灵活的语序。

语境

语境对语言传达的意义起到至关重要的作用，它包括肢体语言、语调和特定词语的使用等。根据一个人如何表达一个句子、如何使用肢体语言或如何强调句子的特定部分，我们可以接收到许多不同的信息。例如，如果你微笑着说“伟大”这个词，它传达的意义与瞪大眼

语言学术语

音素——被另一个声音代替时，可以完全改变意义的最小声音单位，比如将字母“p”的声音替换为“b”，使其成为“大”（big）而不是“猪”（pig）。

音系学——研究语言中如何使用声音的学科。

语素——最小的声音单位，具有可识别的含义，不能被划分为更多有意义的部分。

语素有两种类型：

- 自由语素——有独立的含义，如“吃”或“水”。
- 绑定语素——不能独立存在，如前缀或后缀。

形态学——研究声音如何通过模式和规则组合成语素。

句法——一套规则系统，将单词组合成短语和句子。

语法——一套结构规则，控制如何使用音素、语素和语法造句。

词库——一种语言的所有词汇。

睛、双臂交叉并语气讽刺地说“伟大”就会完全不同。描写语言学在研究所有这些特征如何结合起来以在个体之间创造有意义的交流时，考虑到了语境的重要性，这也就是语义学和语用学探究的内容。

语义学
对语言意义的研究

vs

语用学
研究语境及其对语义产生的影响

非口头交流

人类语言不仅由口头和书面形式组成，它还包含不同形式的肢体语言，如手势、面部表情、姿势、动作和眼神交流，人们无须语言就能传递大量信息。体态学研究的是特定的身体动作和手势作为非口头手段如何帮助人们交流。

不同的文化以不同的方式利用非口头手段交流信息。空间关系学反映出我们交流时对空间的理解。在中东的许多国家，社交距离比美国和欧洲要近得多。如果你说话时后退，对方可能会向前移动以缩小你们之间的距离。触觉也可以用于非语言交流，而且在世界各地存在着显著差异。例如，在法国和意大利，问候某人时亲吻对方的脸颊是很常见的；在印度，用左手握手则被认为非常粗鲁，因为左手通常用于清洁身体。受性别和其他社会结构的影响，非口头交流规则在不同文化中有着不同的形态。

副语言是人类语言的一个重要组成部分，它指的是用词语来修饰或传达更微妙的意义或情感，包括音调、音量、语调、声音的节奏或持续时间，以及传递重要信息的附加音（笑声、叹息声、哭泣声、喊叫声、清嗓子声、喘息声）或手势。试着用不同的语调说同一个句子，你就会注意到不同的

交流的要素

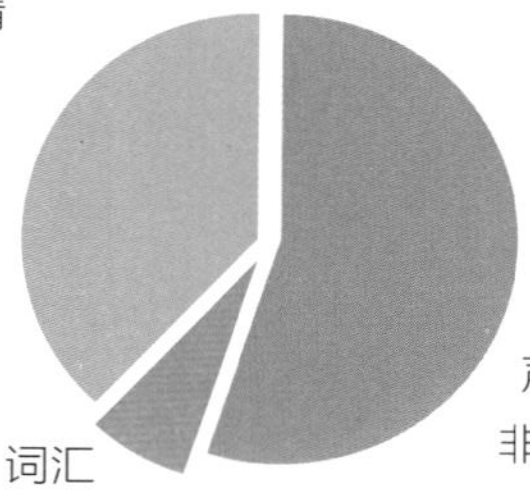

7-38-55定律

7-38-55定律是心理学教授阿尔伯特·梅拉比安（1939年至今）在20世纪70年代提出的一个概念。他认为在交流过程中有55%的意义是通过肢体语言传达的，38%是通过面部表情传达的，只有7%是通过口头表达的。

2020年新冠疫情暴发之前，在许多地区，以贴面吻相互问候对方是十分普遍的

意思是如何传达的。此外，还要注意不同形式的副语言在不同的文化中是如何传达不同的含义的。例如，在德国、巴西、俄罗斯和许多其他国家，比“OK”的手势非常具有攻击性，而在美国它表示“OK”，在日本它表示“金钱”，在法国它表示“零”。

人类已经开发出大量的表情符号，便于我们在电子邮件或短信中传递额外的情感内容。然而，如果人际交流中没有面对面的肢体动作和副语言，就极有可能产生各种各样的误解。

聋人文化

虽然手语也涉及有意义的复杂动作，但它们被视为以视觉形式而非听觉形式表达的独立语言，拥有自己的语法、词法、语音和句法。手语并不是通用的，事实上，全世界有超过135种不同的手语。然而，在许多社会中，聋人仍然是语言上的少数派，这使得手语作为巨大的语言亚文化而得到发展。聋人文化建立在共同的生活经历、信仰、态度和价值观，以及通过手语进行交流的基础上。

在指代聋人文化和社区时，通常会将单词“聋人”（deaf）写成大写形式。要成为聋人社区的成员，你不必是聋人或重听人。聋人社区还包括聋人的家庭成员、手语翻译和认同聋人文化的人，只要社区接受他们。通常，聋人社区的成员要会使用手语。

聋人文化有着丰富的文学传统和艺术史。聋人视觉/图像艺术（De’VIA）是在20世纪80年代发展起来的一种艺术类型，旨在展现聋人艺术家通过视觉艺术有意识地表达和庆祝他们的聋人体验。De’VIA的作品使用主题和图形来表现聋人的生活，采用了强烈的色彩、对比鲜明的纹理，并着意夸大了面部和手部的特征。最重要的是，耳聋不被视为一种残疾，一些倡导者用“耳聋获得”指那些通过非语言交流的人获得的交流优势，即有助于产生更有意义和目的性更明确的联系。

相互理解

指语言之间有足够多的相似之处，能够被讲这些语言的人理解。相互理解主要发生在同源的语言之间，比如，斯堪的纳维亚语和德语。还有些例子来自捷克语和斯洛伐克语，印地语和乌尔都语，芬兰语和爱沙尼亚语，意大利语、法语和西班牙语，以及德语和荷兰语。

语言的变异

数千年的进化历程意味着，人类语言起源于一个语言连续体而不是一种独立的语言。这意味着住得越近的人越容易相互理解，而地理距离越远，语言的差异就越大。这种情况也可以跨越国界，比如，西班牙东北部地区的人说加泰罗尼亚语，与西班牙语相比，它与普罗旺斯和欧西坦等法国南部地区的语言更接近。虽然这种语言的自然地理传播模式已经被移民和殖民活动改变，但仍然存在于世界各地。

语言和方言

不列颠群岛上有多种不同的口音和方言，最近一次的统计结果为将近40种。伦敦人、约克郡人、苏格兰人、利物浦人、伯明翰人、乔迪人和北爱尔兰人的语言都是英语的地域变体。印地语、阿拉伯语和汉语的方言版本最多。

方言▶与标准语言不同的各种语言，不同社会和地区的方言各不相同。

语言和方言有什么区别呢？语言学家经常提及意第绪语语言学家马克斯·魏因赖希（1894—1969）的著名格言："语言是有陆军和海军的方言。"这意味着，语言有时获得更高的地位并不是因为它们本身的优越性，而是因为各国政府在努力推行"标准"的说话方式。之后，这些语言标准在教育机构、媒体和宗教组织的传播下得以加强，甚至会成为企业招聘需求的一部分。某种特殊的说话方式可能会被提升为一种文化中的强势语言，并与教育、成功和财富等精英观念联系在一起。这些形式的强势影响着一种语言变体会被视为一种语言还是一种方言。

法国语政策

法国十分努力地促进法国文化和语言的传播，并将其作为法国政治和经济利益的组成部分，包括在前殖民地国家建立法国文化中心。其中许多国家，比如西非国家，拥有丰富的自然资源，这引起了法国持续的投资兴趣。Patois（"粗糙的、未开垦的语言"）一词被用来描述"非标准法语"，标准法语则是占据主导地位的强势语言。

定义语言与方言

中国有数百种方言，它们彼此大不相同，说某种方言的人可能对另一种方言一窍不通。中国政府将普通话作为标准语言，其他变体则作为方言，以克服语言隔阂，促进社会交往和民族团结。

语言和方言之间的区别通常在于可理解性：如果你能理解，它就是你自己语言的方言，如果不能，它就是另一种语言。然而，这个定义没有考虑到一种语言的某些“方言”被视为独立的语言，而一些相互无法理解的语言在当地被视为“方言”的情况。说瑞典语、丹麦语和挪威语的斯堪的纳维亚人可以用他们自己的语言交谈，但在外人看来他们说的是不同国家的不同“语言”。

是什么导致了一个国家内的语言差异?

许多因素导致了不同种类的英语方言的发展，以及其他语言方言的变化：

江苏扬州一所高中的宣传告示牌上写着“说普通话，用文明语”

迁移

历史上的人口迁移也导致了语言的迁移。语言环境的变化创造了新的语言生态，包括西班牙英语、法国英语和新加坡英语等杂交方言。

殖民主义和语言强加

在殖民时期，殖民者经常将他们的语言强加于殖民地人民，禁止后者说当地语言。在美国，成千上万的印第安儿童被迫进入“印第安寄宿学校”，导致数百种原始的美洲原住民语言如今已减少到不足140种。

强加于人的语言

语言和地方

语言的发展反映了当地的环境，语言和地区之间往往有着深刻的联系。在《冰川会倾听吗？》（2005）一书中，朱莉·克鲁克香克描述了加拿大育空的南部突修尼冰原，“Tän shäw”是阿塔帕斯坎词汇，意为“冰川”，用英语很难捕捉它的意思。在阿塔帕斯坎人语中，冰川被尊崇为有生命的（充满生命的）事物，并为其他生命提供给养。阿塔帕斯坎人通过他们的语言反映了他们与环境之间的亲密联系。

描述颜色

人类学家罗宾·莱考夫（1942至今）发现，在过去50年里，美容业的发展壮大促使美国英语中关于颜色的词汇急剧增多。

联系

语言在人际对话的过程中会发生变化。从我们与他人的互动中，我们发现了新的词汇、表达方式和发音，并将它们融入自己的语言。

群体认同

群体身份的某些类别，如种族、年龄、社会阶层和性别，可以通过我们的说话方式来表征，以区分群体成员与非成员的身份。亚马逊公司的员工使用特定的职业术语来指代他们的工作细节，但也会使用公司建议的委婉语，以营造一种围绕他们工作的享受感和平等感。例如，亚马逊的仓库被称为“履行中心”，员工是“合作伙伴”，而不被区分为工人或老板。

不断变化的说话方式

大多数人都会使用多种风格的话语或语域，这取决于他们的互动对象是谁，如家人、朋友、同事、老师还是其他社区成员。

语言与权力

语言深深植根于特定群体的文化模式。人们的话语和说话方式都与文化背景、个人的社会地位和权力体系密切相关，如年龄、生理性别、社会性别、种族、民族和阶级。

社会语言学 ▶ 主要研究语言与文化及社会因素的关系，如年龄、生理性别、社会性别、种族、民族和阶级。

话语与身份认同

语码转换

我们的说话方式有时会被视为我们身份的象征。我们经常像自己周围的人一样说话，说我们所生活的地区的主要方言，这可能同时也基于我们的种族、性别和社会阶层。这些社会分类当然不是同质的，并非所有女性都用一种典型的高声调说话，每个利物浦人的说话方式也不都一样。事实上，在有许多语言变体、风格、方言和口音的文化中，人们可能会熟练地进行语码转换。也就是说，他们可以根据不同的文化背景，在不同的情况下轻松地切换语言。虽然人们在不同的情况下不会以同样的方式说话，但他们在说话风格上存在一些共性，这些共性与社会和文化类别有关。

语言和阶级（阶层）

1972年，社会语言学家威廉·拉波夫（1927年至今）发表了一项关于纽约市的社会语言学变异的开创性研究。他研究了曼哈顿的三家百货公司——塞克斯、梅西和克雷因的销售人员的“r”的发音，并对比了它们的社会地位——塞克斯是最有声望的，克雷因声望最低。拉波夫发现，店员对r发音的使用频率取决于商店的声望。研究结果显示，发音和社会地位之间有着密切的联系，雇主可能会下意识地将特定的说话模式与阶层联系在一起。发音所带来的声望完全取决于该社区的社会规范。虽然在纽约市省去r的发音可能会被视为下层阶级的人，但省去r发音在英国则被视为上流社会的一种说话方式，英国广播公司的播音员也这样发音。相反的是，r的发音在英国则被打上了污名化的烙印，因为在北方工业区，它是和下层阶级联系在一起的。

沃尔夫理论

该理论认为，语言影响我们感知世界的方式。本杰明·沃尔夫（1897—1941）的研究对象是美洲原住民霍皮人，并发现霍皮语将过去时态和现在时态结合在一起使用。沃尔夫认为，这反映了一种独特的时间概念和一种生活现实，而未来被视为一种假设。

语言和种族

种族指的是一群人之间的认同，这些人拥有共同的文化遗产、历史、祖先、领地联系、语言或方言。与性别和民族一样，种族也被学者视为一个社会建构的范畴。虽然它没有可衡量的标准，但这并不意味着它没有现实或重要性的基础。相反，与种族相关的意识形态有助于创建他们自己的社会现实。

当群体成员使用共同的语言作为团结在一起的一种形式时，语言变体通常与种族联系在一起。语言也可能被少数民族成员用作种族边界的标记，以区别于可能是压迫性的更大的语言群体。种族压迫和语言的一个重要例子是非洲裔美国人英语（AAVE）。非洲裔美国人作为受压迫的种族在美国经历了一段特殊的历史，从奴隶制到《吉姆克劳法》。非洲裔美国人英语是英语中最受歧视的变体之一，虽然它是一种具有一致性规则和模式的复杂语言系统，有着自己独特的历史。

社会语言学家对非洲裔美国人英语的确切起源提出了质疑，但它通常可以追溯到西非语言，这些语言是由被迫在美国殖民地工作的奴隶带来

改变游戏规则的语言学家

诺姆·乔姆斯基

罗宾·拉科夫

本杰明·沃尔夫

威廉·拉波夫

的。日常方言克里奥尔语（如加勒比海地区的克里奥尔语）是由当地语言和殖民语言混合产生的，主要以英语和法语等欧洲殖民语言为基础。

语言和性别

大多数文化都有不同的性别角色期望，即使并非所有特定性别的成员都必须遵循这些关于性别的刻板印象。这些差异与生物学无关，而是个体社会化的一部分。孩子们经常被教导要以文化上适当的方式表现为“男性”或“女性”。这些性别行为也与我们的说话方式有关，人们往往通过基于性别认同的语言来表达自己。例如，在英国，男性说话的声音要低沉单调，这被视为“男性化”的表现；而人们对女性的刻板印象是，她们说话时声调更高、更兴奋。英国前首相玛格丽特·撒切尔为了让自己的声音听起来更有权威性，特意聘请了一位声音教练。

一些语言，如罗曼语系（包括西班牙语、法语和意大利语），明确地将名词分为阳性或阴性。而其他一些语言，如印尼语、芬兰语，则是不分性别的。它们有指代男性或女性的词，还有“母亲”之类的性别称呼，但没有指代男性或女性的代词。在加州大学圣迭戈分校研究语言和认知的莱拉·博罗多夫斯基发现，我们的语言塑造了我们的思维方式和行为方式。博罗多夫斯基让参与者将一周中的不同日子拟人化，结果发现男性或女性的声音是根据这些词的性别维度选择的。这类语言实验证明，性别语言可以塑造人们的世界观。

女权主义者认为性别语言会导致性别歧视，有研究支持这一观点。研究还发现，使用性别语言的国家的性别平等程度比其他国家更低。然而，考察文化等外部因素是如何影响性别歧视态度的问题同样重要。

你喜欢哪种性别代词?

对人们来说，明确自己喜欢的性别代词已经成为一种普遍现象。有些人更喜欢使用中性代词，如“they”、“them”或“their”（第三人称复数的主格、宾格和所有格）以避免人们对性别的刻板印象。

你认为男性和女性“说的是不同的语言”吗？许多专家认为，这种想法有其社会原因，但与生理原因无关

其他语言中英语外来词的例子

日语： suupaa スーパー——supermarket

amefuto アメフト——American football

法语： le weekend——the weekend

les jeans——blue jeans

意大利语： shoppone——shopaholic

捷克语： manšestráky——corduroy trousers（源自18世纪英格兰北部产的一种布，即“Manchester cloth”）

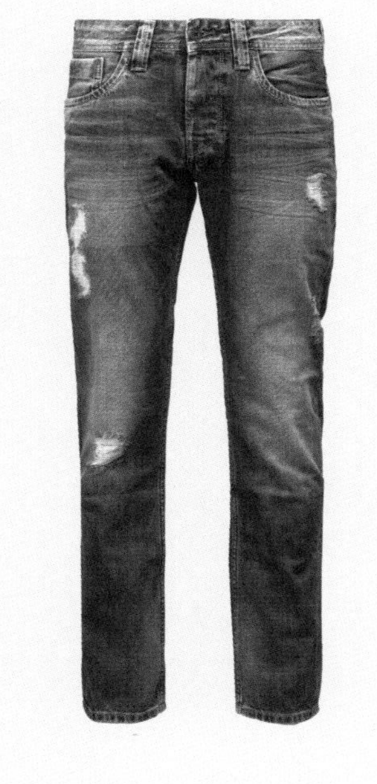

斯瓦希里语： ankachifi——handkerchief

约鲁巴语： sitadiomu——stadium

僧伽罗语： bilantu——brilliant

英语也喜欢外来词！

杂烩汤（chowder）：很可能源自法语chaudière，表示大锅，由移民到美洲的法国人引入。

午睡（siesta）：源自西班牙语，指中午小憩。在气候炎热的国家，午睡极其流行。

文身（tattoo）：其历史可以追溯到2 000多年前。萨摩亚语的tatau一词在马尔奎桑语中写作tatu。英国探险家詹姆斯·库克（1728—1779）在描述他的太平洋之旅时创造了这个词的英文版本。

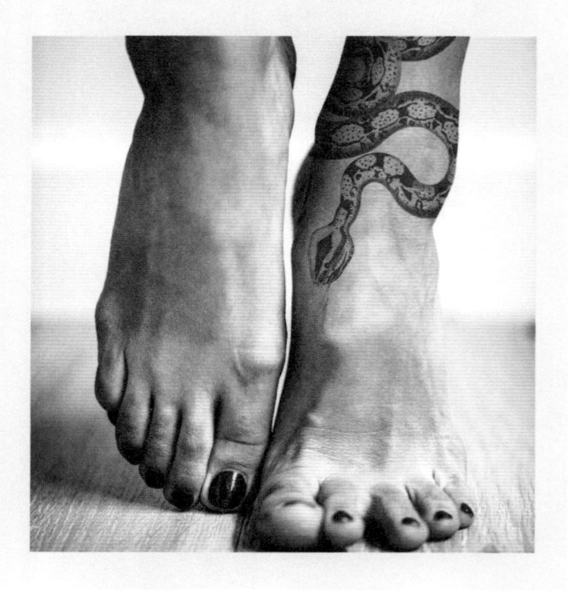

巧克力（chocolate）：源自墨西哥中部的纳瓦特尔语（xocolatl），是欧洲移民来到美洲后学会的。

全球化与语言

全球化促进了各国之间的贸易，并增加了人员、资本、技术、文化、商品和思想的流动。全球化有许多早期形式，包括跨越领土的贸易模式。然而，今天的全球化与过去已大不相同，近几十年主要的交通和通信发展极大地增加了跨境贸易、投资和国际移民。经济学家托马斯·弗里德曼（1953年至今）将今天的全球化浪潮与以前的全球化浪潮做了区分，他认为今天的全球化“更远、更快、更便宜、更深”。

语言的传播

全球化模式的增加对语言的变化和发展起到了巨大的推动作用。早在15世纪，英国探险家就开始将英语传播到英国在世界各地的殖民地，英语现在是世界上使用最广泛的第三种语言，仅次于中文普通话和西班牙语。大多数前英国殖民地，如加纳和南非，现在都用英语作为官方语言。其他国家的殖民者也在传播他们的语言，包括法语、西班牙语、葡萄牙语、阿拉伯语和俄语。因此，所有这些语言都有自己的地域变体。

语言的消失

全球互联互通的一个影响是，少数几种语言的使用得到了巩固。目前世界上存在7 000种语言，而70亿人口中约有一半的人只使用其中的10种语言。比如，像英语这样的语言已经成为政治参与、大规模商业和金融交易以及科研交流的全球通用语言。一些特定的语言主宰着全球的媒体，包括广播、电影、电视、纸媒和数字媒体。相较之下，文化遗产丰富而使用较少的语言则被淘汰或濒临消失，因为人们倾向于学习和掌握应用范围更广泛的语言。现在将英语作为第二语言的人比母语为英语的人多出数百万。

濒临消失的语言

语言人类学家估计，到21世纪末，世界上有一半的语言可能会消失，平均每两周就有一种语言消失。语言的迅速消失引起了许多语言学家和人类学家的关注，因为与这些语言相关的文化、知识和世界观也将永远消失。肯尼亚语言学教授奥科斯·奥克奥博将一种语言的消亡描述为“图书馆的焚毁”。例如，乌干达的卢拉莫吉语使用者担心人们会忘记与重要的文化习俗有关的术语，包括捕食白蚁、欢庆农业时节和举行葬礼仪式。消失最快的语言分布在澳大利亚北部、太平洋西北部、南美洲中部和东西伯利亚。

语言的复兴

全世界都在为保护濒危语言而努力，其中一个重要的成功案例是康沃尔语的复兴。18世纪末，康沃尔语在康沃尔郡绝迹，但人们在19世纪发起了一场旨在保护这种语言的复兴运动。2009年，联合国教科文组织将康沃尔语从濒危语言名单中移除，这被视为英语复兴之路上的一座里程碑。从那时起，说康沃尔语的共同体继续发展，在语言课程、社交聚会、电影和音乐活动中都使用这种语言。

正字法

数字技术也有助于语言人类学家和共同体记录并保存语言，为他们使用文本、声音和视频剪辑实现语言复兴创造了重要条件。许多语言从未有过文字记录，所以这些保护活动还包括编纂词典和正从事正字法，以及与濒危语言的使用者一起发展或完善他们的书写系统。共同体还创作了多媒体资源，包括获奖的克里语儿童电影和阿拉普语版本的《小鹿斑比》。夏威夷大学希洛分校的黑尔·库阿莫欧语言中心与苹果公司合作，发布了苹果电脑及苹果手机的夏威夷语版操作系统，后来又为谷歌开发了夏威夷语界面。

通信与数字时代

数字时代改变了我们的沟通方式。15世纪，印刷术的发明开启了语言和思想通过书籍、报纸和小册子大规模传播的时代。这些技术变革继续迅猛发展，如今我们可以在几秒钟内与任何地方的任何人联系。这一变革从根本上改变了世界上大多数人的沟通方式、信息获取方式和书写方式。

信息平台已经改变了我们的沟通方式。一些研究发现，文本缩略语改变了传统的写作技巧，对拼写和语法产生了负面影响。然而，哥伦比亚大学英语和比较文学教授约翰·麦克沃特认为，短信促进了新的双语写作形式和语言类剧目的发展。

但数字时代在伴随电子通信技术成长起来的年青一代和年长一代之间划出了一道鸿沟，后者不得不像学习一门新语言一样学习数

我们都应该说几种主要语言中的一种吗？语言人类学家对这个问题持否定意见，他们认为语言是文化和身份的重要来源，也是宝贵的信息库

你认为数字技术对我们沟通方式的影响是积极的还是消极的？

字技术。

社交媒体为政治活动提供了更快、更有效的沟通。从“阿拉伯之春”到“黑人的命也是命”运动，互联网、手机和社交媒体等数字工具都被用于各种形式的社会和政治变革。

新冠疫情越发凸显了我们对在线技术的依赖程度，同时暴露了数字富人和数字穷人之间的巨大差距，即所谓的“数字鸿沟”。全球约有95%的人拥有移动电话，但在数字服务的接入和连接方面存在着巨大差异。虽然笔记本电脑在北美洲和欧洲的许多教室及工作场所里都很常见，但对贫困地区的人来说，它们的价格令人望而却步。2020年，全球约有59%的人可以接入互联网。在新冠疫情期间，那些负担不起笔记本电脑和网费的人，很难有效地在家办公、上课或与外部世界保持联系。密歇根州立大学2020年发布的一份报告指出，很少上网或无法上网的学生的平均学分绩点更低，考取大学的可能性也更小。许多倡议者认为，互联网服务是一种必不可少的社会福利，为了构建一个运行良好的社会，我们有必要消除数字鸿沟。

可靠的互联网、电力供应、笔记本电脑和智能手机接入，以及负担得起的数据流量套餐，成为难民关注的重要社会福利

第四章 亲属制度

亲属制度研究—亲属制度的描述—婚姻与家庭—选择性家庭—亲属与技术

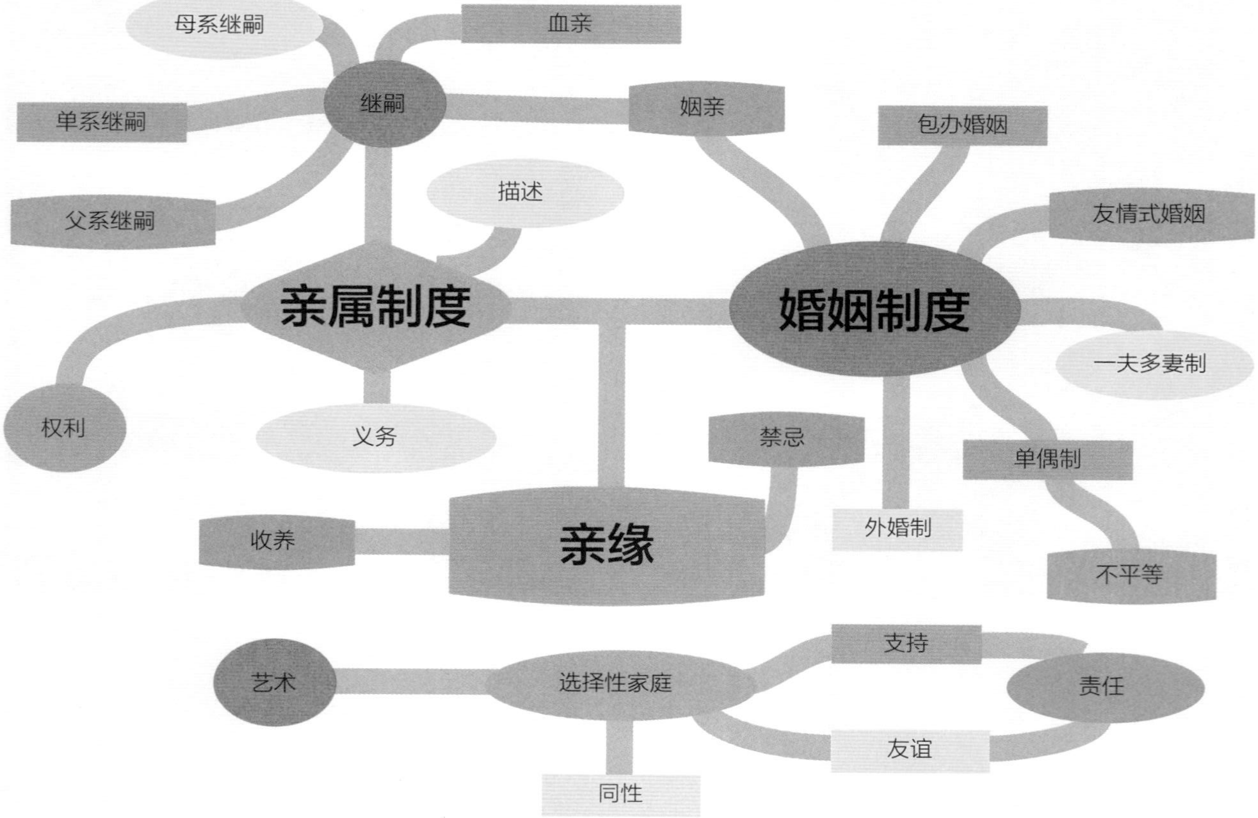

母系继嗣
血亲
继嗣
单系继嗣
姻亲
包办婚姻
描述
父系继嗣
友情式婚姻
亲属制度
婚姻制度
一夫多妻制
权利
义务
禁忌
单偶制
收养
亲缘
外婚制
不平等
支持
艺术
选择性家庭
责任
友谊
同性

亲属制度研究

人类是依靠群体合作维系生存的社会性物种，亲属制度可以说是人类发展并形成稳定、独立但也有着密切关系的群体的最有效手段。世界上几乎所有社会都有家庭和婚姻形式的社会制度，不过，不同社会对形成这些制度形式的原因在理解上存在着巨大的差异。例如，人们如何建立相互关系，亲属关系是生物性的还是选择性的，养育子女和组建家庭的经历是怎样的，以及其他一些以家庭为中心的问题。

人类学通过发掘不同社会中的普遍性来理解使我们成为人的多种方式。从这个角度看，亲属制度从人类学的早期研究开始就一直是学者们关注的重要话题。事实上，20世纪初，亲属制度是社会人类学的核心，特别是在英国，它被称为“亲属学”。当我们谈论亲属制度时，我们指的是文化上公认的联系与意义，人类创造这些联系和意义来界定人与人之间关系，并定义他们期望的行为和角色。人类以各种各样的方式结社，比如工作、教育、宗教、体育和其他形式的社会实践。然而，家庭和亲属关系网络的建立为人类提供了特殊的支持，使人们得以繁衍后代，维持财产。

亲属制度 ▶ 人类为界定亲属关系及自身的行为和角色而创造的一套文化上公认的联系和意义。

在西方文化中，亲属群通常被认为具有生物学基础，它由母亲、父亲和子女组成的亲属单位或核心家庭出发逐渐扩大。但从跨文化的角度审视这种陈规定型的模式，我们可以发现，这在很大程度上更合乎欧美人理想中的概念，但在一些其他文化中并不常见。亲属群有各种形式和规模：亲属关系可以通过婚姻、一夫一妻制或非一夫一妻制、混合和共同的家庭模式建立；有些人通过收养子女或以其他形式辅助受孕来获得亲属；我们可能会把我们关心但没有血缘关系的人视为家人；有些人甚至会把所有世人视为一个相互关联的亲属群。例如，对生活在亚马孙雨林中的亚诺玛米人来说，每个人都身处亲属关系的矩阵中，其中包括那些可能在生物学意义上没有血缘关系的人。

亲属单元

定义家人

不管我们如何定义自己的亲属，很明显人际关系在社会中起着举足轻重的作用。我们生活中的一些重要时刻往往都与这些关系密切相关。通常，亲属群支持着一个人的生计、职业、婚姻、安全和社会认同。亲属群也有可能控制着一个人的经济事务，包括他或她住在哪里，和谁结婚，以及财产的转移。

21世纪，除了母亲、父亲和两个孩子的经典形式之外，人们还逐步接受了其他形式的家庭关系，同性恋婚姻也得到了某些国家的法律认可。人工授精、代孕和体外受精等先进的生殖技术，促使人们开始接受更为多元化的家庭形式和亲属关系，这在一定程度上体现了科学和技术在塑造生物关系方面起到的作用。

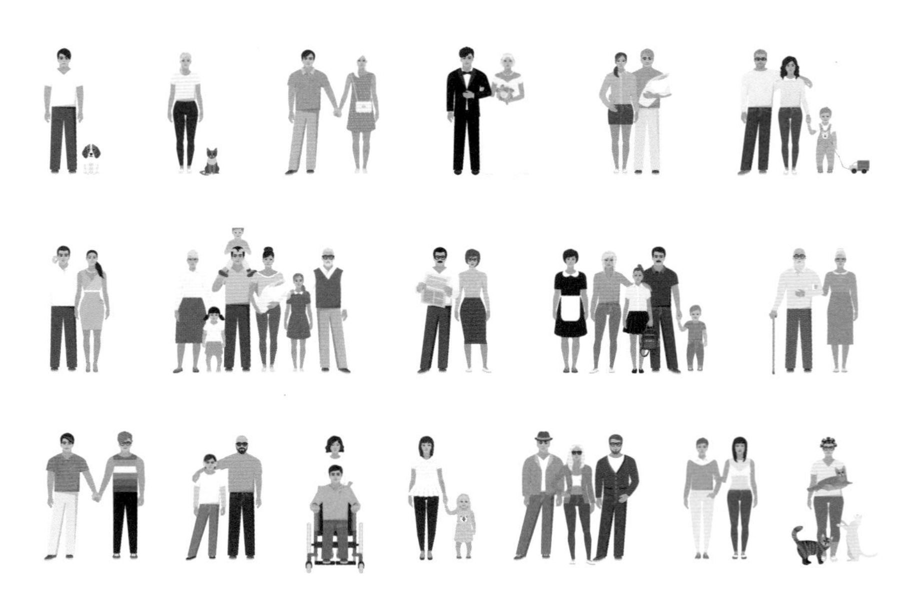

你如何组建你的家庭？

亲属与继嗣

继嗣群体 ▶ 赋予拥有共同祖先的人们以认同感和支持。

人类的亲缘关系如此密切，以至于我们有99.9%的DNA是相同的！尽管如此，但我们的人际关系通常是基于血缘关系、恋爱关系和婚姻关系建立起来的。在有些文化中，人们通过谱系建立亲属关系，其中包括基于血缘关系建立的血亲和基于婚姻关系建立的姻亲。亲属关系也可能包括不存在婚姻关系或血缘关系的虚拟亲属，但他们仍被视为家庭成员。例如，即使不存在血缘关系，养父母在文化上依然被视为他们所抚养孩子的父母。

继嗣制度

早期的人类学研究认为，继嗣群是非西方社会文化结构的重要组成部分。研究亲属制度的学者不仅想要解释人类社会群体及其被赋予的模式、意义和义务是如何建构的，而且想要解释这些概念为何被建构。

有些文化中的家庭以单系继嗣的方式建立亲属群。这种继嗣群可以是母系的，即子女属于母亲的继嗣群，并能够继承母系的财产或头衔。阿肯人是非洲西部国家加纳的主要民族，他们继承母系的财产，住在由母系亲属组成的大家庭中。

父系继嗣

双系继嗣

母系继嗣

你家的继嗣方式是什么样的？

其他继嗣模式

继嗣群也可以通过家族中的男性血统在父亲和子女之间建立，这就是父系继嗣。例如，在美国和英国，姓氏的继承通常遵循父系继嗣的模式，由父亲传给儿女。然而，现在越来越多的人在给孩子取名时使用父亲和母亲的双重姓氏，这种模式就是双系继嗣，也被称为并系继嗣或两可继嗣，在太平洋岛屿和东南亚尤其常见。在两可继嗣社会中，人们选择母系或父系继嗣模式，往往遵从于更有声望或更牢固的亲属关系，也可能遵从于男子从父系而女子从母系的习俗。

肯尼迪家族是一个拥有共同祖先且成员间保持紧密联系的世系

权利和义务

摩尔根对亲属制度和社会组织的开创性研究，为我们思考家庭地位和责任的概念铺平了道路。人类学家用“身份”一词指代一个人在特定环境中的文化位置。在家庭环境中，可以存在多种社会身份，比如“父亲”、“母亲”和“姐姐”。文化以不同的方式决定着家庭内的种种身份。

每个人因其家庭身份不同而扮演着不同的角色，履行着不同的义务。例如，在传统的欧美家庭中，“母亲”需要照顾孩子和料理家务。如今，这种情况发生了巨大的改变，“父亲”也可能主要负责料理家务，与“母亲”共同抚育孩子或成为“全职爸爸”。思考家庭身份和角色促使我们重新审视文化规范，记录正在发生的变化，并从跨文化的角度比较家庭模式的异同。例如，在印度南部的纳亚尔人中，兄弟往往在家庭中扮演着父亲的社会角色。孩子的生父对家庭事务的参与十分有限，而叔叔是最重要的家长角色。

世系 ▶ 拥有同一祖先的几代人按谱系形成的继嗣群。

氏族 ▶ 成员承认有共同祖先但没有谱系记录的继嗣群。这可能是因为祖先在遥远的过去，并且被神话了。例如，美洲原住民有多个氏族，这些氏族的图腾往往是动物或其他自然事物（太阳、玉米、雷云等）。

亲属制度的基础研究

路易斯·摩尔根（1818—1881）在他的著作《人类家庭的血亲和姻亲制度》（1871）中，将亲属制度视为理解社会的关键因素，并将亲属制度的研究置于人类学的中心地位。他收集了51个美洲原住民部落的亲属制度的相关数据，经过分析，他认为所有人类都是从同一个源头发展而来的，这个概念被称为“一元发生论”。摩尔根的贡献在于，他发现一个社会的成员即使不是近亲，仍然可以通过姻亲建立亲属关系。他还发现，用来描述家庭成员的词语至关重要，如母亲或父亲，因为它们包含了在家庭和社区中所享受的权利和应履行的义务。

亲属关系图

人类学家用亲属关系图来描述继嗣群和亲属关系。下图中的符号展示了亲属关系是如何以易于理解的方式描述的。

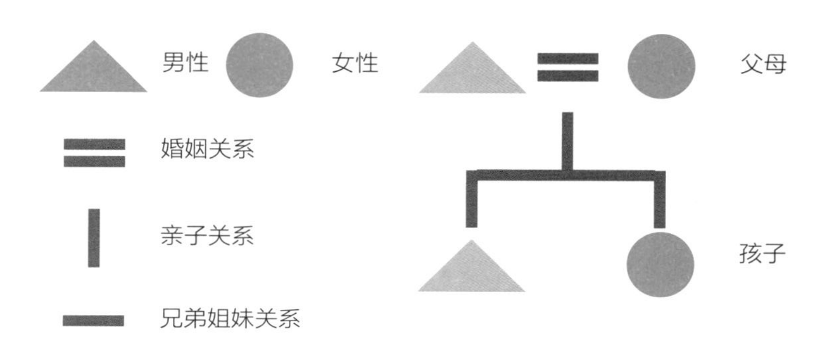

亲属关系图的中心是一个被贴上了“自我”标签的人，所有亲属关系都能从这个个体出发进行追踪，就像一幅家谱图。大多数亲属关系图都将男性描绘为三角形，而将女性描绘为圆形。两个个体之间的双横线表示他们通过婚姻缔结亲属关系。单横线表示非姻亲，可能包括同居或合伙。父母和孩子通过垂直线连接，兄弟姐妹则通过水平线连接。通常情况下，子女的年龄从左至右依次减小。如果一个人死了，其代表符号的颜色可能会变暗或在这个符号上画一条斜线。如果一段婚姻结束了，则在双横线上画一条斜线。

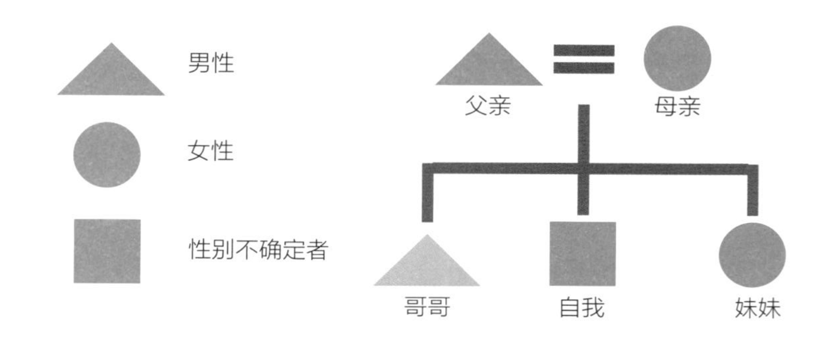

在上一页下图中，处于中心位置的自我有一个哥哥、一个妹妹和一对已婚父母。在这里，自我的性别是不确定的，但有时性别是给定的。

组织家庭关系的六种模式

根据对兄弟姐妹和堂/表兄弟姐妹的分类，人类学家在世界范围内发现了6种组建家庭的一般模式。这6种模式分别以特定的人群命名，包括爱斯基摩式、克劳式、夏威夷式、易洛魁式、奥玛哈式和苏丹式。下图展示的是因纽特人的亲属制度，常见于北美洲和欧洲。研究人员在处于恶劣环境的狩猎采集者中也发现了这种模式，即核心家庭由于环境因素而被迫更加独立。

在这种亲属制度中，只有核心家庭成员被赋予了“自我”的称谓，其他亲属没有父母、兄弟姐妹、祖父母、叔叔或阿姨之分。所有的堂/表兄弟姐妹都集中在一起，没有根据母系或父系做出明确划分。例如，母亲的姐妹和父亲的姐妹都统称阿姨。

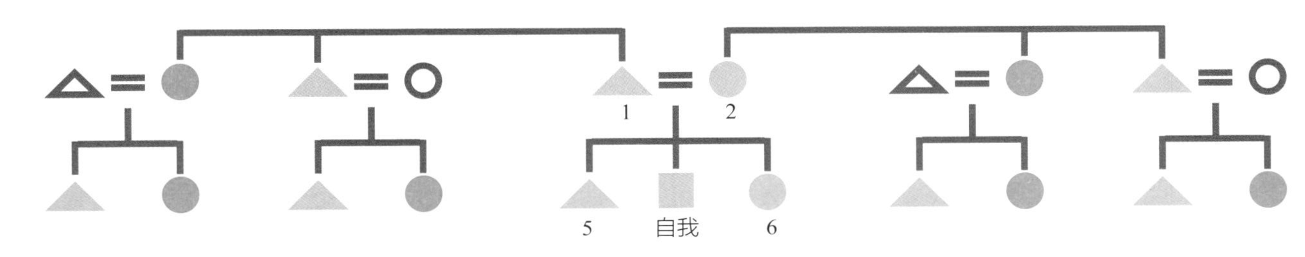

模型与现实

亲属关系图对人类学家的工作很有用，在记录随着时间推移而发生的家庭变化时显得尤为重要。例如，人类学家在研究与全球化或城市化有关的变化，以及离婚率、子女数量的变化时，都需要用到亲属关系图。然而，人类学家发现，这些广义的模型并不总能代表实际的亲属关系模式，其中充满了空白、不确定性和虚构性，有时只能反映出有限的变化。

婚姻与家庭

人类建立亲属群的一个重要途径是缔结婚姻关系或其他关系。虽然血缘关系连接着家谱上的祖先和后代，但婚姻关系在非直系亲属的人之间建立了亲属关系，创造了在欧美文化中被称为“姻亲”（in-laws）的新型社会关系。

上海相亲角

所有文化中都存在婚姻，尽管其具体形式千差万别。包办婚姻在全世界的许多文化中依然不少见，男女双方在家庭和媒人的安排下结为伴侣。这种类型的婚姻常见于那些希望寻找经济、政治、宗教或种族背景等均与自己门当户对的家庭。然而，这并不意味着包办婚姻中没有浪漫的爱情。此外，有些人选择包办婚姻是因为它能够减轻寻找伴侣的压力。在印度，半包办式婚姻已经成为一种流行的形式，男女双方可以在婚前见面并尝试约会，同时减轻了家庭和社会施加给年轻人的寻找“完美伴侣”的压力。

不同类型的婚姻

如今，友伴式婚姻或建立在爱情基础上的婚姻在世界上变得越来越普遍。随着人口流动速度的不断增加，以及技术、经济领域的日新月异的变革，婚姻观念也在迅速发生变化。在《恋爱后的求爱：墨西哥跨国家庭的性与爱》一书中，詹妮弗·赫希分析了全球化如何重新定义了墨西哥西部和亚特兰大农村墨西哥人的婚姻。当地居民在冬季返回哈利斯科之前，在美国边境从事农业和建筑业的工作。男性劳动力的流动、女性受教育机会的增加和经济条件的改善，在当地社会中形成了不同类型的婚姻关系，从原来的尊重、男性权威和义务转变为信任、亲密关系、性快感、交流和情感。然而，尽管女性和男性对自己的生活和身体拥有了更大的自主权，但双方在婚姻中的角色、责任和期望方面的不平等并没有减少。其他人类学家发现，严苛的移民法导致夫妻一起移民变得更加困难。于是，越来越多的夫妻两地分居，这在一定程度上增加了婚姻中的压力和离婚的可能性，必须通过协调来应对跨国婚姻的挑战。

与父母或祖父母相比，你的婚姻观念是什么样的？

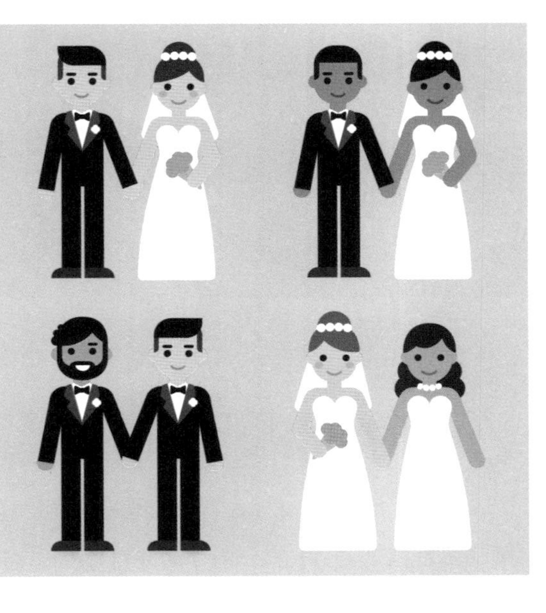

一名尼泊尔宁巴女子与她的两位丈夫、父亲及孩子。

一夫多妻制、一妻多夫制与一夫一妻制

伴侣的数量

文化规则往往决定着我们可以选择谁作为结婚对象，以及我们在婚姻关系中能拥有几个伴侣。多偶婚是一种存在多位伴侣的婚姻关系，可分为一夫多妻制与一妻多夫制两种类型。一夫多妻制较为常见，指的是一个丈夫有多个妻子的婚姻。而一妻多夫制较为少见，主要见于某些南亚文化，如尼泊尔

的宁巴人和印度的尼亚人奉行一妻多夫制，在这种制度下，一个女子同时与多名男子存在婚姻关系。通常，多偶婚与以嫁妆或彩礼为形式的财富获得相关。另外，能够负担多位伴侣和一个大家庭的开支，也是个体及其家族的财富和权力的象征。

世界上的婚姻形式大多为由两位伴侣组成的一夫一妻制。然而，一个人一生中可能会因离婚或伴侣的死亡而多次结婚。在某些文化中，丧偶的男性或女性可能会被鼓励与自己已故伴侣的姐妹或兄弟结婚。这种男性与其亡妻的姐妹结合，而女性与其亡夫的兄弟结合的习俗，分别被称为妻姊妹婚和夫兄弟婚。

乱伦禁忌

禁忌

正如所有文化都有某种形式的婚姻习俗，所有已知的人类社会都存在乱伦禁忌以阻止近亲间发生性关系。这些禁忌主要涉及核心家庭中的亲属关系，如父子（女）、母子（女）、祖父母和孙子（女）以及兄弟姐妹。历史上也有兄妹结婚的例子，例如，古埃及的克丽奥佩特拉嫁给了她的两个兄弟，却与她的情人诞下了子嗣。

核心家庭之外的乱伦禁忌在不同文化之间有着很大的差异。在许多社会中，表亲之间的婚姻关系是被禁止的。然而，在中东和印度的一些地区，交表亲（父亲的姐妹或母亲的兄弟的子女）之间鼓励结合，而平表亲（母亲的姐妹或父亲的兄弟的子女）之间的结合则不被提倡。这种婚俗被称为内婚制，即一个人与群体成员结婚。与之相异的则为外婚制，即一个人与群体之外的人结婚。大多数人类群体都在不同程度上存在着内婚制与外婚制。交表亲结婚在英国是合法的，但在美国50个州中的31个州是被禁止的。英、美两国的法律都禁止一个人与其同父异母或同母异父的兄弟姐妹结婚，而在其他一些国家，这种婚姻既合法又常见。在一些族群中，成员被禁止与近亲结婚，但他们往往会采取族群水平上的内婚制，即与“自己的同类”结婚。

虽然乱伦禁忌普遍存在，但学界对它的起源问题仍存在争议。许多人类学家追随爱德

维多利亚女王和阿尔伯特亲王是表兄妹，但今天并不提倡表亲之间建立婚姻关系

华 · 韦斯特马克（1862—1939）的观点，认为共同成长的个体间形成的情感依恋通常是非色情的，这一观点被称为“韦斯特马克效应”。其他研究人员则认为，乱伦禁忌源于人类进化史上对与家庭成员发生性关系的本能厌恶。一些灵长类动物学家的研究结果证实了这一点：在人类诞生之前，许多哺乳动物已经存在避免乱伦的行为。珍 · 古道尔在长期的实地研究中发现，雌性黑猩猩很少和它们

的雄性后代交配，为此有一个重要的机制是基于性别的分散。大多数灵长类社会群体都有漫长的婴儿期和发育期，而处于繁殖期的雌性或雄性会离开它们出生时的群体，这使得黑猩猩不太可能与其后代交配。

其他理论从不同的角度解释了乱伦禁忌。马林诺夫斯基和心理学家西格蒙德·弗洛伊德（1856—1939）都认为，乱伦禁忌的发展是为了减少家庭内部可能会破坏合作关系的性竞争。一些人类学家强调了乱伦禁忌的社会优势，比如通过建立跨亲属群的新联盟和吸收新成员来扩大群体规模。

在非专业人士中流行的关于乱伦禁忌的功能主义解释是，乱伦会导致后代发生生物退化和遗传异常。然而，这并不能解释乱伦禁忌早在人类遗传学诞生之前就有了。在许多情况下，人们并不知道乱伦对遗传物质产生的负面影响，但仍然会拒绝近亲之间的乱伦行为。

“王室疾病”

血友病是一种位于X染色体上的遗传性疾病，几乎只在男性中出现。它的特点是患者体内无法形成正常的凝血因子。很少有血友病患者能活到成年，因为轻微的割伤或瘀伤都可能会致其死亡。英国的维多利亚女王与欧洲皇室通婚以巩固政治联盟，从她的孩子开始，血友病流行于19—20世纪的欧洲王室。

血友病在王室传播的著名案例是俄国的最后一个王室罗曼诺夫家族。维多利亚女王的孙女亚历山德拉嫁给了俄国沙皇尼古拉斯二世，把血友病基因遗传给了她的儿子阿列克谢和女儿阿纳斯塔西娅。

遗传扩散的重要性

即使以我们目前对遗传学的理解，科学研究也无法支持人类对乱伦行为的厌恶。乱伦本身不会产生有缺陷的基因，事实上，近亲结合生下的孩子出现先天性缺陷的风险是有限的，并且主要发生在高龄母亲生育的孩子身上。不过，一旦近亲结合，只要存在一个有害基因，有害性状在基因库中传递的机会就将大大增加。人类和其他动物很容易受到缩减寿命的基因组合的影响，所以有观点认为，随着时间的推移，我们已经演化出了通过自然选择来限制乱伦行为的能力。

婚姻与不平等

外婚制在许多文化中都很常见，即避免与某些亲属结婚。同时，在许多文化中，人们基于阶级、宗教、性别和种族等因素实行内婚制，要求成员与社会群体中的某个人结婚。纳粹德国时期，纽伦堡法律禁止德国犹太人与德国人结婚和发生性关系。同样，在南非，种族隔离政府在1949—1985年间禁止白人与黑人、亚洲人及混血有色人种结婚。

在美国，有40个州颁布了禁止跨种族婚姻和性行为的法律。直到1967年，美国最高法院才在具有里程碑意义的“洛文诉弗吉尼亚州”一案中裁定禁止跨种族婚姻的法律违宪。然而，由于奴隶制、殖民主义和种族主义的遗留问题，在美国南部和一些欧洲国家，不同肤色人种之间的婚姻仍然饱受争议。

同一社会群体的成员之间也实行内婚制。这种现象在印度的种姓制度中尤为明显，英国在对印度进行殖民统治时期推动了种姓制度的发展，并成为其殖民主义的关键管理机制。时至今日，种姓内婚制在印度依然司空见惯，并成为一种非常强烈的禁忌，不遵守的行为会遭到残酷的暴力对待。这种婚姻制度进一步加剧了印度的社会阶层之间的不平等程度。

“洛文日”或“爱之日”

米尔德里德和理查德·洛文在华盛顿特区结婚后遭到逮捕，并被押送回他们在弗吉尼亚的家乡，因为米尔德里德被弗吉尼亚的《种族完整法》（1924）归为“有色人种”。每年的6月12日，即他们案件判决的周年纪念日，被称为“爱之日”，此案推翻了弗吉尼亚及美国其他州反对跨种族婚姻的法律。

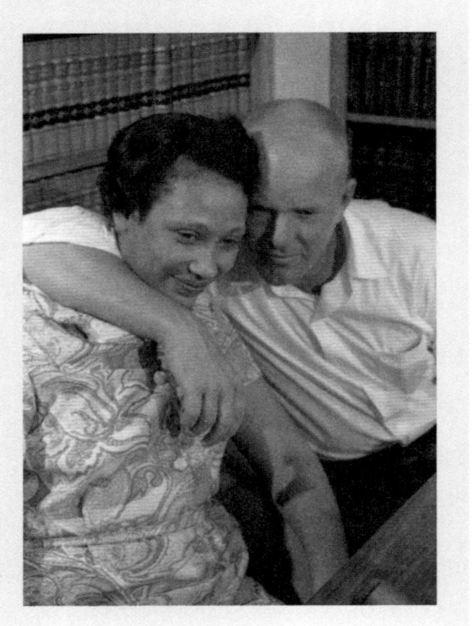

选择性家庭

世界各地的亲属关系模式正在迅速发生改变。20世纪80年代，凯丝·威斯顿在对旧金山性少数群体（LGBTQ）家庭的人类学研究《我们选择的家庭：同性婚姻及其亲属关系》（1991）中，展示了这些家庭如何根据爱、友谊和生物学的特点创建自己的亲属关系。威斯顿发现，选择性家庭建构的亲属关系与直系亲属关系并置，从而批判了以生物遗传为基础来确定亲属关系的思想。

同性伴侣构建家庭的历史长达数个世纪，远早于其合法化的时间。同性婚姻的记录可以追溯到1世纪，据说罗马的尼禄皇帝曾在不同场合娶过两个男子。承认同性婚姻的法律于2001年4月1日在荷兰生效。今天，同性婚姻在全球29个国家和地区实现了合法化，包括阿根廷、澳大利亚、奥地利、比利时、巴西、加拿大、哥伦比亚、哥斯达黎加、丹麦、厄瓜多尔、芬兰、法国、德国、冰岛、爱尔兰、卢森堡、马耳他、墨西哥、新西兰、挪威、葡萄牙、南非、西班牙、瑞典、中国台湾、英国、荷兰、美国和乌拉圭。

有些社会传统也允许同性结婚。例如，在苏丹南部的努尔人中，一名不能生育的女性可以作为“丈夫”与另一名女性结婚，后者再与一名男子生育子女，而不能生育的那名女子会被指定为父亲，并为她的父系亲属增加成员。这种现象在肯尼亚的南迪人中也存在，虽然当地禁止同性恋，但如果一名女性没有孩子，她就要在婚姻中扮演男性的角色，与另一名女性结婚，后者则被鼓励与其伴侣家族的男性生

两个灵魂的人

奥什·蒂斯齐（1854—1929）是美洲印第安克劳社区一名受人尊敬的男性成员，但他在当地社会和仪式上扮演的是女性或第三性别的“二灵人”的角色。尽管美国殖民者试图取缔这一习俗，但该社区成员始终对二灵人表示高度尊重。今天，印第安人决定以他们自己的传统承认同性婚姻，包括接受二灵人和同性之间的婚姻关系。切罗基作为最大的印第安部落之一，于2016年通过了承认同性婚姻的法律。

育子女。然而，这些女性间的婚姻几乎完全是柏拉图式的，其存在的目的通常是传承家族血统。

2004年，美国总统布什呼吁通过宪法修正案禁止同性婚姻，并视其为对“最基本的文明制度”的威胁，美国人类学协会发表如下声明作为回应：

> 一个多世纪以来，人类学对家户、亲属关系和家庭进行了跨文化、跨时间的研究，其结果根本不支持文明的社会秩序依赖于异性婚姻的观点。相反，人类学研究支持的结论是：不同的家庭类型，包括建立在同性伙伴关系基础上的家庭，可以为稳定、人道主义的社会做出贡献。

在兰卡威，“房子和灶台”成为产生亲属关系的场所。研究人员发现，一家人一起吃饭对于建立亲密关系十分重要

生物性和婚姻是亲属关系的唯一基础吗?

人类不接受生物现实，相反，他们积极构建虚拟的亲属关系作为重要的支持机制。在《黑人妇女与福利改革》(2006)中，达纳–艾恩·戴维斯(1958年至今)对纽约州北部的一个受虐女性收容所进行了研究。她调查了这些逃避家庭暴力的女性如何在收容所生活之外发展持久的关系，帮助她们重建家庭意识和社会安全网。许多社会都是这样，人们互相帮忙抚养孩子，需要时互相借钱，生病时互相照顾，通过责任感和忠诚模糊了亲情和友谊的界限。

在对兰卡威岛的马来村民的研究中，珍妮特·卡斯滕发现亲属关系是通过共同居住和共同喂养构建的。在当地人心中，给予和接受食物并在家中分享的行为对亲属关系而言跟生育一样重要。

共同居住型亲属关系

收养

收养是人们创建和选择家庭的另一种重要方式。在许多西方国家，养子女通常指由非父母家庭成员(如祖父母、姑姑或叔叔)收养的孩子，或者指在亲生父母无力抚养的情况下由非家庭成员收养的孩子。然而在其他社会，收养的概念却与之不同。在《风中的巢：人类学在热带岛屿的冒险》(2005)一书中，玛莎·沃德描述了密克罗尼西亚的波纳佩的孩子们是如何在生物学家庭和收养家庭之间来去自如的。如果父母不能照顾孩子，那么由养父母抚养的孩子会被视为幸运儿。在沃德描述的一个案例中，一位年轻女子把自己的一个孩子送给自己的祖母，以陪伴老人度过晚年。

收养的形式

探索人类生活之网的学者:

达纳–艾恩·戴维斯

珍妮特·卡斯滕

玛莎·沃德

凯丝·威斯顿

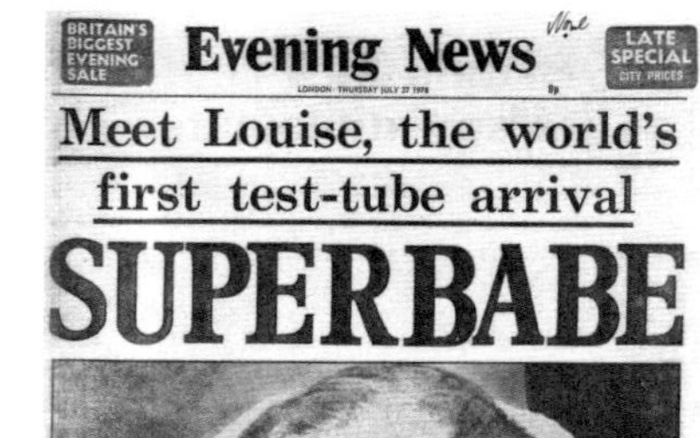
BRITAIN'S BIGGEST EVENING SALE

Evening News

LATE SPECIAL CITY PRICES

LONDON · THURSDAY JULY 27 1978

Meet Louise, the world's first test-tube arrival

SUPERBABE

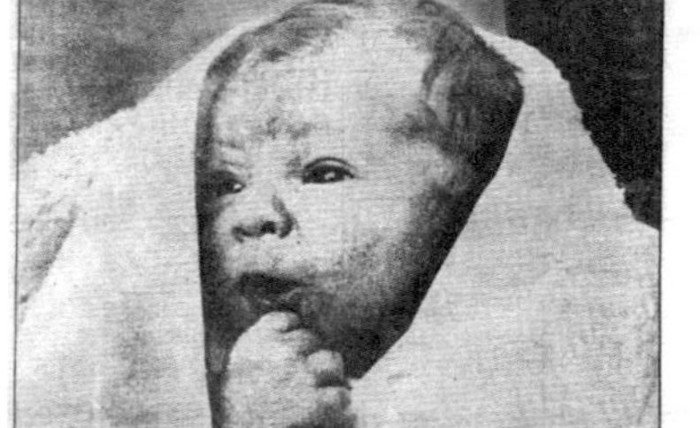
Wide-eyed Louise Brown pictured in hospital 18 hours after she was born. Today she's doing well. See Page Three

报纸头条宣布第一个试管婴儿路易丝·布朗出生

亲属与技术

当今世界的亲属关系正在发生重大变化。今天，核心家庭创建方式的变化、对选择性家庭的认可、同性婚姻的增加及人工辅助生殖技术的进步，在全球范围内重塑了人们对亲属关系和家庭的理解。在欧洲和北美洲，亲属关系已经从生物学上的核心家庭模式转变为以选择和生存为中心的模式。

如今，12%~18%的夫妇试图在其中一方存在不育问题的情况下组建家庭。人类生殖技术的进步使生殖方式变得多样化，包括精子和卵子捐献、试管婴儿等。1978年，在英国奥尔德姆，第一个试管婴儿路易丝·布朗出生了。最近，路易丝·布朗通过自然分娩生下了自己的孩子，这表明人工生殖技术的使用并不会导致婴儿成年后无法生育。从那时起，这类技术迅速发展，成千上万的孩子在新技术的助力下降生。

人工辅助生殖技术对亲属关系人类学的启示

- 亲子关系和亲缘关系的结构——当一个孩子的母亲不是其遗传学或社会性的母亲时，谁是他的合法父母？精子捐赠者有权认养试管婴儿吗？
- 商品化——人工受孕已经成为一项产业，并创造了一个以胚胎为消费品的全球性的市场。我们是否应该保护胚胎不受商业利用？以获取商业利益为目的的服务提供商是否可以控制流程，他们能否决定谁可以成为配子捐赠者而谁可以成为客户？这一产业可能会导致怎样的社会经济差异？

然而，不孕症的治疗问题一直存在争议，人们对血缘、人格和生育惯性提出质疑，并引发了关于核心家庭是“自然的”生物学单位这一观点的争论。

生殖技术当然不是新技术。大多数文化都有鼓励或避免怀孕的方法。近年来，技术的进步使通过DNA检测确定孩子父母的身份成为可能。超声医学成像可以确定婴儿的性别，羊膜穿刺术可以在孕期检查胎儿的遗传疾病和出生缺陷。这些新技术引发了关于基因工程及对孕妇身体的医学监测和管理的问题。例如，在印度等国家，对男孩的文化偏好导致女性胎儿的生命被人为终止。

伦理学问题

人工辅助生殖技术会发展出基因工程吗？我们在创建“生化宝宝”文化吗？我们在多大程度上可以选择孩子的特质？谁将对生命的“恩赐”负责？

婚姻、家庭和亲属制度是文化的产物，并且一直在变化。它们是人类认知世界运行方式的一部分，反映了关于亲属关系和家庭结构的不同观点。尽管人们建立家庭的方式在不同的社会有着巨大的差异，但也存在一些重要的跨文化模式，这些模式强调家庭和家族在人际关系和社会运行方面起到的核心作用。从生物学上讲，不存在家庭必须以特定方式组建的硬性规定。随着文化在不同环境中的变迁与适应，人们将在未来塑造出更多新的婚姻关系和家庭结构。

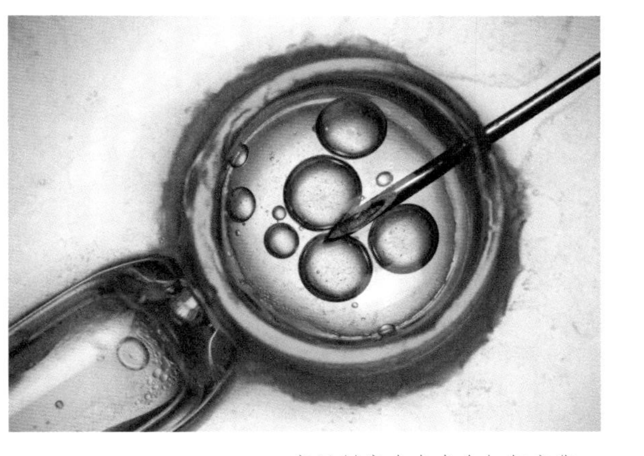

亲属制度在未来会如何变化？

第五章 宗教与仪式

宗教的定义—宗教理论—宗教与仪式—萨满教—巫术与超自然—宗教与权力—宗教与全球化

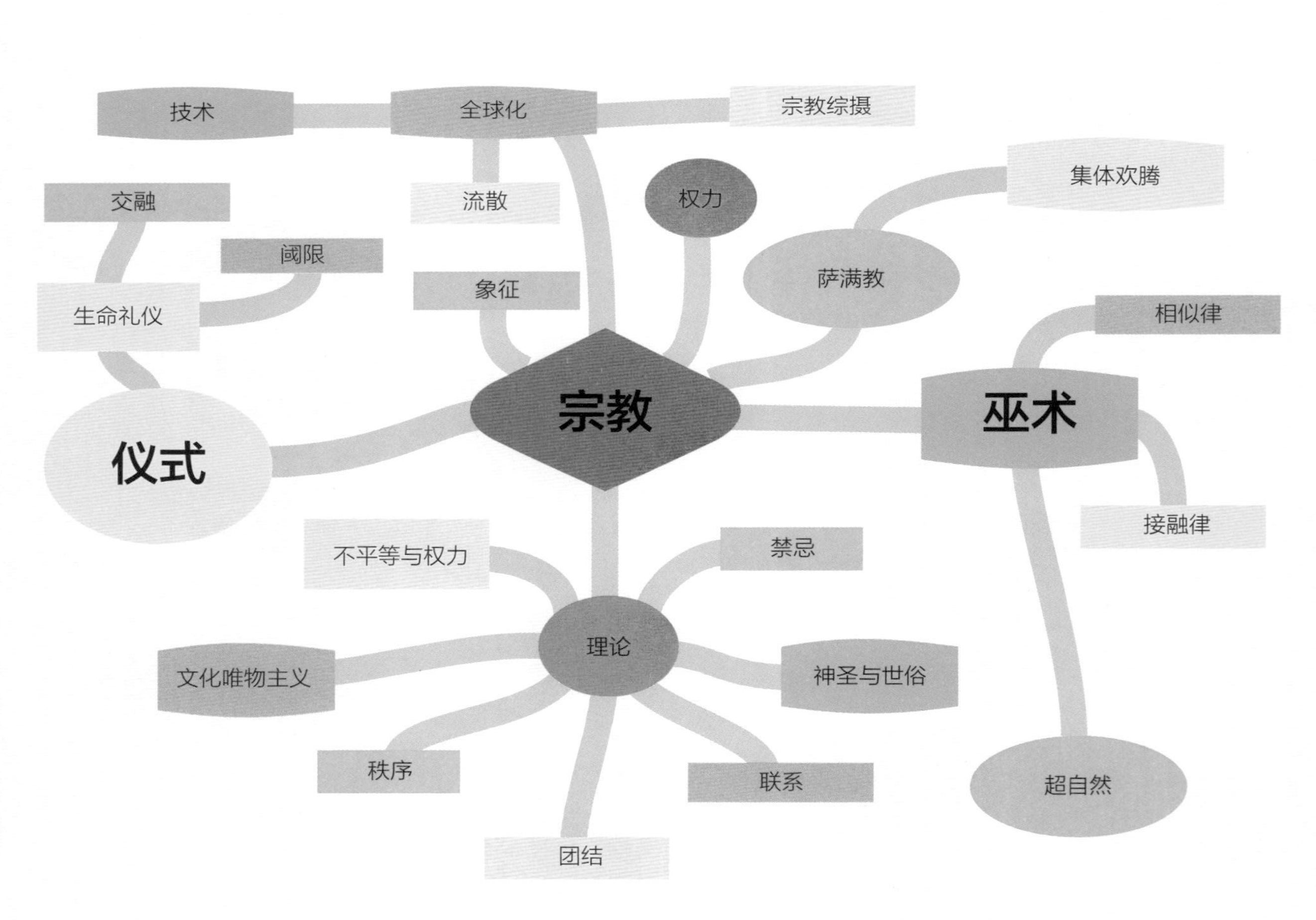

宗教的定义

生命的意义和起源是什么？我们在宇宙中的位置是什么？是什么力量塑造了我们的日常经历？这些问题自古以来一直困惑着人类。

早期宗教实践

人类的宗教活动可以追溯到旧石器时代中期，考古学家发现了当时的丧葬仪式的证据。在人类学家看来，对死者的仪式待遇意义重大。丧葬仪式反映了人类以深刻和抽象的方式思考关于生命、死亡和来世的问题。其他考古发现（比如洞穴艺术和雕像）表明，早期人类进行了精神和宗教层

南非瑟德堡山洞壁画描绘了被称为“半兽之人”（一半为人、一半为动物）的生物，考古学家视其为早期人类想象超自然神灵存在的证据

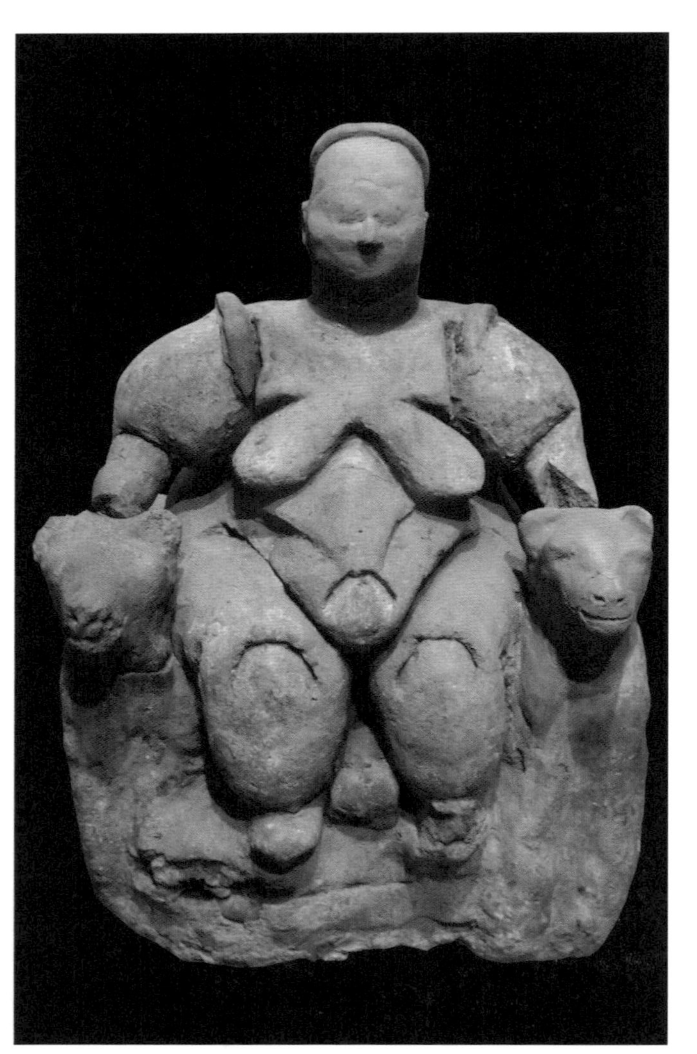

加泰土丘女性坐像，收藏于土耳其安卡拉的安纳托利亚文明博物馆

面的思考。例如，在印度尼西亚的苏拉威西岛，考古学家发现了戏剧性的人兽杂交场景，似乎代表了一种祈求保护和狩猎成功的超自然信仰体系。与公元前6000年前的加泰土丘女性坐像一样，新石器时代的圣母雕像反映了古人类对生育女神的信奉。

宗教信仰和习俗是人类生活和文化的核心，自人类学这一学科诞生起就对人类学家来说至关重要。你通常会将“宗教”一词与宗教活动联系起来，比如基督教、伊斯兰教或印度教。然而，在很多文化中，没有表示“宗教”“天堂”“地狱”之类概念的词语。人们是通过不同的信仰体系和本地化表达来理解世界的，其中一些可能是精神层面的。对某些人来说，在祭祀祖先的祭坛上留下祭品是一项日常活动，而非宗教活动。而有些人根本无法区分自然和超自然，他们相信人类和灵魂存在于同一个物质世界当中。这也是为什么某件事对一个人来说是超自然的，同时对另一个人来说却是自然的，反之亦然。在现实中，宗教、超自然力和巫术的构成各不相同，并且在不同的文化中有着巨大的重叠。

跨文化的定义和特征是什么？图为新加坡乌敏岛上的德国女孩神社

宗教的表达

对宗教的人类学研究试图从文化相对主义的角度了解宗教实践，而不是将一种文化的定义强加给另一种文化。相反，我们看到，本土化表达和创造性改编使宗教传统在特定环境中活跃起来。例如，尽管伊斯兰教被视为一种全球性宗教，但它的本土化表达存在很大的不同。例如，在土耳其，伊斯兰苏菲派托钵僧进行旋转冥想，模仿行星绕太阳运行。在塞内加尔，伊斯兰教众穿着五颜六色的拼布衣服，把长发编成绺，以此作为宗教仪式的一部分。

宗教的基本元素

尽管在世界各地的文化中存在各种各样的信仰体系，但人类学家已经找出了大多数宗教的一些共同因素：

- 对力量、神或超自然现象的信仰；
- 宗教宇宙观，即解释人类和宇宙是如何以及为何被创造出来的神话或叙事；
- 加强、表达和探索公共信仰的仪式行为或礼仪；
- 监督或帮助信徒信仰宗教的专业从业者；
- 在宗教实践中经常使用的符号，加强了宗教对教众的重要性。

依据这些基本元素，我们可以给宗教下一个定义：它是一种关于信仰和仪式的体系，形塑一个人对宇宙的体验，满足他的社会和心理需求。

人类学家对关于人类宗教信仰的真实性辩论几乎不感兴趣，他们认为宗教是真实、有意义且强大的。所以人类学家的工作是捕捉一系列动态的信仰和仪式，理解它们的意义，以及研究它们是如何与更大的权力系统产生联系的。

宗教理论

长期以来，人类学家一直在努力定义宗教。维多利亚时代的早期人类学家主要从二手报告当中得出结论，而非依靠沉浸式的参与观察。他们倾向于利用自己的框架和信仰系统，而不是从内部人的角度理解人们的经历。詹姆斯·弗雷泽爵士是苏格兰的一位社会人类学家，他在对神话和宗教的经典研究著作《金枝》(1890)中对这个问题进行了描述。弗雷泽是一名进化论者，他用这本书驳斥了宗教是从巫术和迷信进化而来的观点，即所谓的“原始”信仰通过宗教最终演化为“开明”的科学思想。

宗教最早的定义之一，是由与弗雷泽同时代的英国人类学家爱德华·B.泰勒提出的，他将宗教简单地理解为“对超自然事物的信仰”。然而，这个狭隘的定义不包括人们信仰的现实事物。随着体验式田野工作的盛行，人类学家开始以更复杂的方式研究宗教。

法国社会学家埃米尔·涂尔干专注于用定义来区分神圣（圣洁）和亵渎（不圣洁）的宗教。他将宗教视为一种社会实践，即社区成员共同确认什么是神圣和亵渎的宗教仪式的集体行为。涂尔干在《宗教生活的基本形式》（1912）一书中给宗教下了一个定义：由与神圣事务有关的信仰与仪轨组成的体系，奉行这些信仰与仪轨的人聚集在一个被称为“教会”的团体之内。

要知道的名字：神圣的探索者和亵渎

埃米尔·涂尔干（1858—1917）

玛丽·道格拉斯夫人（1921—2007）

克利福德·格尔茨（1926—2006）

马文·哈里斯（1927—2001）

宗教是一种社会实践

埃米尔·涂尔干

涂尔干在研究中聚焦于西欧社会不断上升的自杀率上，并指出，宗教信仰为人们提供了秩序感、社会凝聚感和联系感。

抗击异化

自涂尔干以来，多位人类学家，如英国人类学家玛丽·道格拉斯夫人（1921—2007），都开始将神圣和亵渎作为构建宗教信仰的方式。在《洁净与危险》（1966）一书中，道格拉斯思考了“洁净”和“净化”的文化观念是如何成为许多宗教信仰的一部分的。例如，在犹太教中，洁净与否是犹太人和非犹太人之间的文化界限。在有些宗教仪式中，水的净化功能——消除个人的罪孽，净化和团结社区方面——发挥着重要作用。

在犹太人的厨房里有单独的柜子用来存放肉类和奶制品。用非犹太餐具食用犹太洁食的净化过程，被称为“哈加拉”

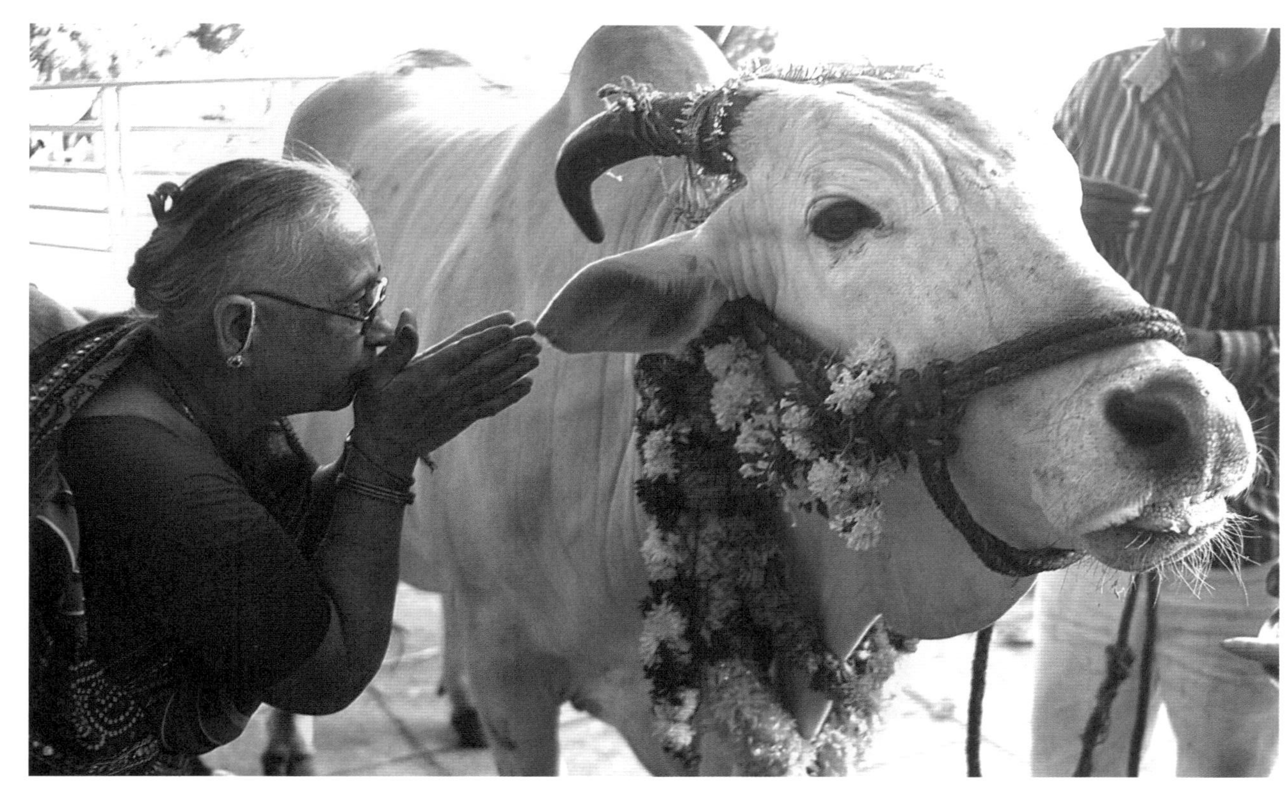

一名老妇在戈帕斯塔米节前夕面向一头戴花环的牛祈祷

在印度教中，牛被视为神圣的动物，因为温顺、生育能力强以及与印度众神之母阿底提之间的关系而得到人们的无上尊重。在《牛、猪、战争和女巫》（1974）一书中，人类学家马文·哈里斯（1927—2001）指出，印度教禁止杀戮奶牛是出于对奶牛作为牛奶来源的经济现实的考量，而禁止伤害牛的宗教禁忌促使这种特殊待遇合法化了。这种观点被称为文化唯物主义，即物质现实（如经济、技术和环境因素）会影响社会的组织形式。

文化唯物主义

弗洛伊德与俄狄浦斯情结

俄狄浦斯情结

心理学家西格蒙德·弗洛伊德将宗教视为阻止我们在最黑暗和最具破坏性的欲望的驱使下采取行动的一种制度。他举了俄狄浦斯情结的例子。在希腊神话中，俄狄浦斯杀了他的父亲之后娶了他的母亲乔卡斯塔，并生养了4个孩子。得知事情的真相后，乔卡斯塔上吊自杀，俄狄浦斯则挖去了自己的双眼。

伊莱克特拉情结

对于这个神话的一种解释是，小男孩的潜意识里对母亲有种性欲，并将父亲视为威胁。年轻女孩与她们父亲之间的这种情结则被称为伊莱克特拉情结。这类欲望会危及社会秩序，因而无法被承认或付诸实践。在《图腾与禁忌》（1913）中，弗洛伊德认为宗教抑制了人们的反社会行为和暴力冲动。他提出了“图腾宗教”的概念，这是基于动物或物体崇拜的信仰

《俄狄浦斯和安提戈涅》，又称《底比斯的瘟疫》，查尔斯·贾拉伯特创作（1843），收藏于马赛美术博物馆

系统。他认为宗教习俗使用图腾来颁布反对乱伦的法令，规范社会交往。圣餐是弗洛伊德用来说明宗教的心理基础的一个例子。

卡尔·马克思

人民的鸦片?

马克思将宗教比作鸦片

德国政治哲学家卡尔·马克思（1818—1883）以其对宗教的社会作用的严厉批评而著称，他将宗教比作“人民的鸦片”。在马克思生活的时代，经济剧烈动荡，社会极度不平等。他认为宗教是一种意识形态，就像麻醉剂一样，可以减轻人们心理上的痛苦，给他们带来幸福的幻想，使他们意识不到现实的阶级压迫。在马克思看来，宗教作为精神鸦片导致人们意识不到他们的痛苦，阻碍了他们为改善自身的经济和社会处境而奋起抗争。

有人批评马克思的分析忽视了宗教在人们生活中的意义，而一味夸大了人们被灌输“虚假意识”的事实。

马克思的工作启发了人类学家去思考宗教在权力体系中的作用。例如，安特耶·米斯巴赫和安妮·麦克内文考察了由澳大利亚政府在印度尼西亚发起的反人口走私运动，该运动在宣传材料中使用了宗教信息。他们设计了特别的布道手册和海报，用于劝服印度尼西亚渔民帮助寻求庇护者返回澳大利亚。

宗教和象征主义

理解宗教的象征符号是人类学家分析超自然信仰的方式之一。人类学家克利福德·格尔茨（1926—2006）在《作为一种文化系统的宗教》(1973）一文中提出，宗教是“一种符号系统，用于构建强大的、有说服力的和持久的情绪和动机”。十字架是基督教的象征符号，相当于犹太教的妥拉卷轴和佛教的法轮。格尔茨认为这些符号都具有深刻的象征意义，并能激发教徒的强烈情感，远远超出其本身的作用。宗教符号代表了一种世界观，有助于构建秩序感。

符号 ▶ 任何向人们传递思想或意义的事物，为集体所共享

面包和酒之于基督徒的共享意义

在天主教堂，圣餐期间提供的面包和酒的象征意义远超过它们本身。它们象征着耶稣的血和肉，用来纪念他为人类的罪行而被钉死在十字架上的圣行。圣餐是信徒与耶稣亲近的一种方式，作为基督教徒的团契，他们从耶稣的牺牲中获得了新生。

对格尔茨来说，宗教符号唤醒了一个超越日常现实的宗教世界。宗教符号同宗教仪式及宗教实践一起，为人们提供了进入宗教现实的途径。

佩戴十字架或其他宗教符号使信徒获得了唤醒宗教世界的力量，而且展示了他们对宗教信仰的承诺

货物崇拜

“二战”后，货物崇拜在斐济和美拉尼西亚群岛流行起来。盟军和日本军队在拿到空投的物资和军事装备后，经常与当地居民分享。就这样，货物崇拜产生了，它将空投与神灵及祖先联系在一起，还包括精心设计的仪式，仪式经常模仿军人的训练行为，因为他们相信这么做便会有运输物资抵达。

宗教与仪式

人类学家早就认识到了仪式行为在宗教信仰中的重要性。仪式激发了信徒的集体信仰和激情，也为他们提供归属感。仪式行为在很长一段时间内代代相传后，就具备了一种连接过去和现在的持续性，并给信仰体系和信徒群体下了定义。一旦一个人或一件事被视为神圣的，仪式行为就会成为让社区成员团结在共同价值体系周围的有力方式。

仪式 ▶ 体现集体信仰的一系列重复性行为，为群体成员提供一种归属感和神圣感。

生命礼仪

宗教仪式因文化背景不同而大不相同，人类学家对仪式进行分类的主要依据是它们的最终目的。法国民族志学者和民俗学者阿诺德·范·根内普（1873—1957）认为，宗教仪式标志着个人在不同生命阶段的不同地位，比如出生、青春期、结婚和死亡。范·根内普指出，通过这些仪式，人们在不断变化的社会中获得了新的地位。在世界范围内，成人礼或成年仪式是孩子长大成人的常见仪式。英国人类学家奥黛丽·理查兹（1899—1984）在她的著作中记录了赞比亚的本巴少女在月经初潮后举行的复杂的“祈颂姑”仪式。该仪式会持续一个多月，是专门为庆祝女性性成熟和社会成熟而举行的仪式，象征着从女孩到女人的社会地位变化。

英国人类学家维克多·特纳（1920—1983）在理查兹研究的基础上，分析了宗教仪式及其重要性。特纳基于

赞比亚的本巴女孩，摄于20世纪30年代

他对赞比亚的恩登布人的研究，进行了跨文化数据比较，将宗教仪式分为如下三个阶段：

- 分离——以身体、心理或象征性为特征，脱离社会的日常活动。
- 阈限——一种模糊的“中间”阶段，即一个人处于“结构”边缘，与社会群体分离的状态。
- 重新融合——在仪式的最后阶段，个人回归日常生活和社会，拥有了新的看法、目标、地位、权利、责任以及与社会群体的联系。

正是通过这种方式，人类构建起特纳所说的社群，拥有了同伴情谊和归属感。

研究宗教仪式的人类学家：

阿诺德·范·根内普（1873—1957）

奥黛丽·理查兹（1899—1984）

维克多·特纳（1920—1983）

你经历过什么成人仪式？你是否经历了分离、阈限和重新融合这几个阶段？特纳认为，所有人在生命的不同阶段都会以某种形式体验这些仪式

重要里程碑

西班牙语文化下的成人礼指的是一个女孩15岁的生日庆典，这标志着她从少女时期进入成熟女性时期。这类庆祝活动在西班牙语国家很常见，尤其是在墨西哥。传统上，家庭成员会参加一场特殊的宗教弥撒，接着是一场盛大的庆典，自此女孩开始为未来的妻子角色做准备，她可能会收到人生中的第一件珠宝，获准化妆并参加舞会。

朝圣

特纳基于他对成年礼的分析，就宗教朝圣作为特定类型的宗教仪式展开了思考。朝圣仪式，如穆斯林前往麦加朝圣，是许多信徒的宗教活动的一部分。特纳认为，朝圣之旅包括前往圣地以示虔诚、转化和启蒙，也是一个分离、阈限和重新融合的过程，就像其他成人仪式一样。

沙特阿拉伯麦加大清真寺的克尔白圣殿

已知最早的西伯利亚萨满画像（荷兰艺术家尼古拉斯·维特森绘于1692年）。这幅画像是基于维特森在西伯利亚讲通古斯语和萨摩耶迪语的原住民民族中的经历绘制的

萨满教

萨满教作为一种贯穿人类历史的宗教活动，长期以来一直受到人类学家和宗教学者的关注。萨满是兼职的宗教从业者，他们有能力与超自然世界或生物沟通。“萨满”一词来源于西伯利亚原住民民族语言，如通古斯语 šaman。

萨满通常生活在一个社区中，受召唤来举行特殊的典礼和仪式。他们与他人交流或操纵超自然力量的能力或者是遗传来的，或者是通过特殊训练和启蒙获得的。萨满教仪式包括圣歌、歌曲、舞蹈、冥想或服用狂喜药物，使萨满进入恍惚状态。在这种状态下，萨满与超自然力量或生物交流，帮

《萨满教：古老的昏迷方术》(1951)

在这项关于萨满教的经典研究中，罗马尼亚历史学家、哲学家米尔恰·伊利亚德（1907—1986）追溯了萨满教在世界各地的传播历程，从它在旧石器时代的起源开始，检视了萨满教实践的元素，包括萨满教的入会仪轨和仪式表演活动。

助个人或社区解决各种问题，从疾病、个人指导到庇护、算命，乃至应对可能会威胁旅行或狩猎的恶劣天气等问题。

其他可供选择的临床情况

医学人类学家亚瑟·克莱曼（1941年至今），研究了萨满的临床疗效，并强调了将西方医学观点强加于民间治疗实践的风险。萨满或乩童请神附体来诊断病人的疾病，并在恍惚状态下实施治疗，包括用他们自己的血写符咒、开草药或中药或举行治疗仪式，如将病人的疾病转移至其他物体上。克莱曼认为，想要了解萨满教是如何运作的，就必须超越西方的生物医学模式，而去考虑替代医疗干预方案的文化意义。对习惯西方医疗实践的人来说，那些看似怪异或不合理的想法，很可能是合理的且与他人的日常生活和社会结构一致。

今天，萨满教已经式微了，这可以归结为以下原因：

- 全球化、新医学实践的涌入，以及制药公司的力量；
- 取缔殖民主义的行动；
- 萨满的污名化观点与社会发展趋势不符。

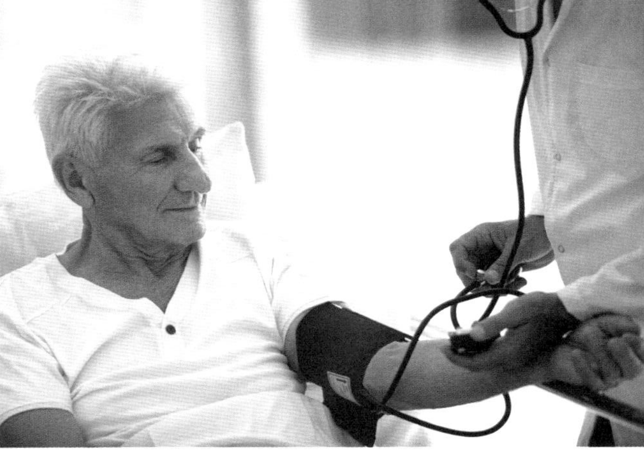

你了解哪些临床医疗实践？西医曾经的仪式实践是否很像宗教仪式？医疗仪式也改变了这种体验的意义，为它的未知部分命名，使病人相信某种治疗方法可以治愈疾病

歌舞厅里的DJ（音响师）有时被称为“技术萨满”，他们负责激发乐队的情绪和思维，带领舞者狂欢舞动，很像萨满仪式。这类强烈的情感体验就是涂尔干在宗教语境中所谓的集体欢腾。集体欢腾的经历会增强事件的情感影响，创造一种共同的惊奇感

尽管如此，萨满教的形式仍在不断发展。

意识状态的改变

人类学家斯科特·哈特森将萨满精神治疗实践的效果和歌舞厅内狂欢者的意识状态改变进行了对比研究，认为狂欢者从狂欢中获得了有意义的精神体验，相当于萨满教的集体欢腾仪式的效果。

死藤水与旅游业：神圣性的商业化？

南美洲亚马孙河流域西部的萨满在仪式中使用死藤水——一种致幻植物混合物——以取得治愈效果。近几十年来，死藤水在寻求身心疗法或精神觉醒的西方游客中广受欢迎。一方面，这被视为传统医学复兴的一种表现，也为该地区带来了急需的经济机会。另一方面，这被批判为对原住民文化的侵占，因为资金经常流入国外旅行社和企业的口袋中。此外，也有人对迷幻剂监管的松懈表示担忧。

巫术与超自然

大多数人听到“巫术”一词时，可能都会想象有一只兔子被从魔术师的礼帽里拽出来。但是，这种行为通常被理解为依靠诡计或骗术操纵人类的感知，而不是超自然能力。在人类学看来，巫术涉及咒语、仪式动作和语言的使用，旨在强迫超自然力量以特定方式行事。大多数宗教都有一些“神奇”的信念或仪式。长期以来，巫术一直是人类学的重点研究对象。在其他社会科学学科视巫术为怪异或离经叛道的行为的同时，人类学家却密切地关注着巫术。人类学对巫术的最早见解之一源自詹姆斯·弗雷泽的《金枝》（1890），他在这本书中对相似律和接触律做出了区分。

相似律与接触律

相似律 ▶ 一种基于相似原则的仪式，比如操纵某人的象征物，相信某事会发生在他身上。比如，海地巫毒教施法时使用的巫毒娃娃是模仿某个人制作的玩偶，其教众相信，当把针插在玩偶身上时，那个人会同时感受到疼痛。这也可以解释某些民间习俗，比如人们相信吃核桃对大脑有益，因为二者之间有相似之处。

接触律 ▶ 它基于这样一种信念：相互接触过的事物之间存在着神奇的力量，可以将力量传递给彼此。任何与人有关的东西，如头发、衣服、指甲或财物，都适用于接触律。在巴布亚新几内亚，如果有人在战斗中被箭射伤，那么箭头也会被涂上药膏，因为它与伤口接触过。

巫术与科学?

马林诺夫斯基对宗教研究最重要的理论贡献都收录在他的著作《巫术、科学和宗教》(1925)中。他认为，巫术必须被视为一种合法的知识形式，因为它对社区发挥着诸多的重要作用。他指出，“巫术”、“科学”和“宗教”的分类既不是特罗布里恩思想的一部分，也不是其他本土知识体系的一部分。在马林诺夫斯基看来，将欧洲的差别投射到这种分类体系上，是毫无意义的。相反，我们应该利用文化相对主义的框架来考虑实践。

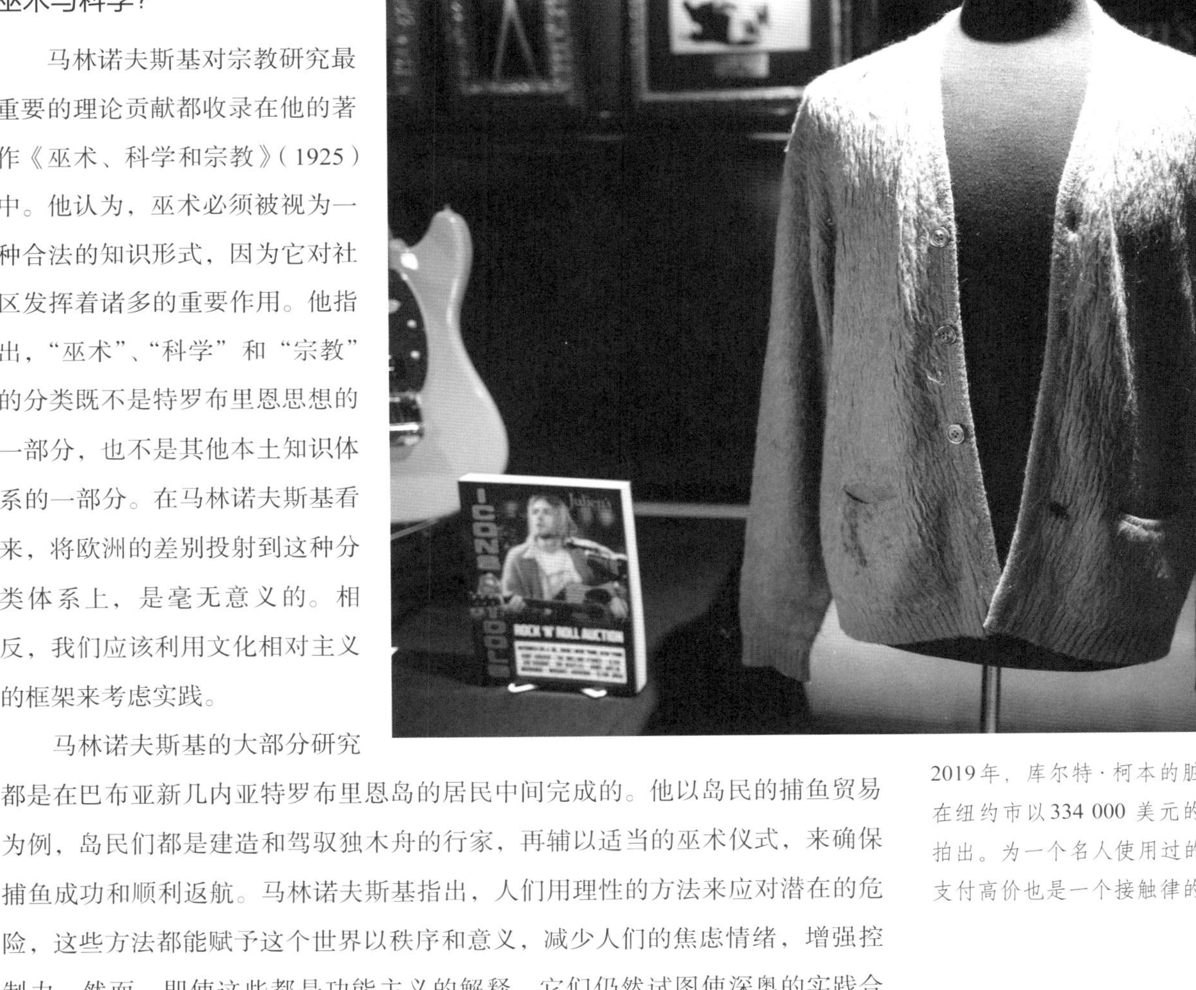

2019年，库尔特·柯本的脏毛衣在纽约市以334 000美元的价格拍出。为一个名人使用过的物品支付高价也是一个接触律的例子

马林诺夫斯基的大部分研究都是在巴布亚新几内亚特罗布里恩岛的居民中间完成的。他以岛民的捕鱼贸易为例，岛民们都是建造和驾驭独木舟的行家，再辅以适当的巫术仪式，来确保捕鱼成功和顺利返航。马林诺夫斯基指出，人们用理性的方法来应对潜在的危险，这些方法都能赋予这个世界以秩序和意义，减少人们的焦虑情绪，增强控制力。然而，即使这些都是功能主义的解释，它们仍然试图使深奥的实践合理化。

暗物质

大约80%的宇宙质量来自一种神秘莫测的物质，它就是暗物质。我们无法测量或理解它，但我们可以从它对已知事物的影响来推断它的存在。我们的认知更多地依赖于对无法证明和模糊实体的信念、假设和抽象，而不是实际数据。因此，谁能说科学的“理性”解释就比巫术或超自然的解释更具实践价值。

一名阿赞德巫医

思维的逻辑系统

可以说，最了不起的巫术研究来自英国人类学家爱德华兹·埃文斯–普里查德，他在苏丹南部的阿赞德人中间进行了广泛的考察。和他的导师马林诺夫斯基一样，埃文斯–普里查德认为巫术是一种思维的逻辑系统，是理解世界如何运作的重要组成部分。在《阿赞德人的巫术、神谕和魔法》（1937）一书中，埃文斯–普里查德详细介绍了日常普遍使用巫术、魔法和神谕的阿赞德人的生活。他们用巫术来解释不幸的事件，并通过直接的行动处方为受害者提供重建手段。

因此，巫术和魔法是阿赞德文化不可分割的一部分。在一个将巫术作为对疾病、事故和其他突发事件的合乎逻辑的解释的信仰体系中，没有自然因素或巧合的存在空间。毕竟，对于某些事情人类还没有找到自然的解释。但对阿赞德人来说，巫术就是导致大多数结果的原因。

旧粮仓的故事

埃文斯–普里查德关于“巫术是一种理性解释”的观点的著名例子是一个古老的阿赞德粮仓。粮仓塌了，压在了下面的两个人身上。阿赞德人都很清楚白蚁会啃食粮仓的支撑物，木头也会随着时间而腐烂。但为什么粮仓会在这个特定的时刻垮塌，而那两个人碰巧坐在它下面呢?

我们可以说有两个独立的原因：其一是炎热的天气促使人们坐在粮仓下方，其二是白蚁侵蚀了它的支撑物。这两个因素巧妙地联系在一起，但我们无法解释为什么这两条因果链会在此时此地产生交集。

埃文斯–普里查德认为，阿赞德哲学填补了这一缺失的环节。在阿赞德人看来，这两个事件巧合地联系在一起是因为巫术，巫术能够解释科学无法解释的事情。

仪式的力量

纽约大都会棒球队的前替补队员特克·温德尔因他的赛前仪式而为人所知。他总是在投球的时候咀嚼黑甘草，在两局比赛之间刷牙，在走向投手丘的时候跳过底线，他的脖子上还戴着用他猎杀的野生动物的尖牙串成的项链。2000年，他要求大都会队以9 999 999.99 美元的价格与他签订合同，以纪念他编号为99的棒球服。

在体育比赛或其他重要活动中，你是否有特殊的护身符或类似于仪式、能给你带来好运的做法？

棒球巫术

马林诺夫斯基最伟大的见解之一是，宗教仪式提供了一种减少焦虑和控制不可控因素的手段。他注意到，特罗布里安人在他们往来的岛屿之间为航行的船只提供巫术咒语，以确保它们不会下沉，却没有针对每天在岛上潟湖周围捕鱼的独木船的咒语。马林诺夫斯基由此得出的结论是，长途航行更危险，也更易引发焦虑，因为岛民对航行途中可能发生的事情的控制力较弱，比如海浪、风暴、洋流、鲨鱼和风——所有这些都有可能导致渔民死亡。他认为，巫术是在风险显著加大时的一种减轻焦虑的方式。

人类学家已经在不同的环境中发现并记录了这一点。例如，乔治·格梅尔希（2017）在职业运动员中发现了“棒球巫术”。棒球运动员有仪式、禁忌和神圣的物品，比如他们准备比赛的顺序、他们的袜子和球棒，他们相信所有这些都会给他们带来成功。击球手可能穿着跟之前参赛时相同的队服或内衣，甚至重复同样的仪式性动作，以捕捉他们过去成功的魔力。这些仪式有助于他们变得自信，有了自信，他们就有可能成功。

宗教与权力

人类学家希克梅特·科卡马内研究了土耳其政府是如何将国家权力扩展到民众的生活中的。土耳其的新保守党政府委派宗教事务局为逊尼派穆斯林提供家庭生活指导，尝试建立亲密关系和家庭。在这里，尽管宗教与政治在名义上是相互分离的，但事实上宗教不仅与政府有交叉，也与人们的家庭生活有交叉。

在他的著作中，科卡马内揭示了土耳其不稳定的宗教和世俗主义现实。然而，许多穆斯林占主导地位的国家已经在他们的宪法中将伊斯兰教确立为国教，在某些情况下，宗教在政治生活中发挥着重要作用。例如，什叶派伊斯兰教是伊朗的国教，虽然伊朗有通过民主选举产生的总统，但其最高领导人的级别凌驾于总统之上，而且必须是某个等级的阿訇。自1989年以来，阿亚图拉·阿里·哈梅内伊一直是伊朗的最高领导人。

土耳其伊兹密尔市的一座清真寺

政教分离?

不同国家的宗教机构与政府之间的分离程度不同。自启蒙运动以来，一些政治理论家，如英国哲学家约翰·洛克，开始主张政府不应干预或试图控制个人良知。洛克和其他人提倡宗教宽容和政教分离，反对用宗教来控制人们的思想和行为。

世俗主义

在随后的几年里，一些国家在政府和宗教之间设置了藩篱。其中最具争议性的例子是法国的世俗主义政策，它呼吁将宗教生活和公共生活完全分离开。根据这项政策，宗教符号和服装，如十字架、犹太小圆帽和头巾，在公共场所和公立学校都是被禁止的。这项政策又被称为“布卡禁令”，因为它虽然适用于所有宗教，但更加针对伊斯兰教，所以这项政策对穆斯林的影响最大。

宗教在政策制定中扮演着什么角色？在爱尔兰和北爱尔兰，堕胎直到2018—2019年才实现了合法化

庇护与欢迎

寻求庇护

宗教参与的其他例子显示了宗教机构有能力反对有争议的政策和提供人道主义支持。墨西哥日益成为希望移民美国的中美洲人的重要中转国。以信仰为基础的人道主义庇护所已经在移民路线上出现，它们奉行好客的宗教价值观。近年来，美国各地的地方教会联合起来，为非法移民提供庇护、法律支持和人道救援。因此，宗教机构在保护和支持移民家庭权利方面发挥了关键作用。教皇佛朗西斯谴责分离移民家庭的政策是“不道德的”，“与天主教的价值观相悖”，并称“民粹主义不是解决方案”。类似地，在一系列针对中美洲移民的行政命令出台后，各教会联合起来，创建了植根于宗教教义的接纳陌生人的避难所。

墨西哥塔巴斯科特诺西克州的La 72是一个著名的移民收容所，为移民提供人道主义支持和法律援助

宗教与全球化

全球化改变了宗教，促进了宗教信仰的传播和世界各地的宗教实践活动的开展，并有助于保持社会的凝聚力。宗教文化和习俗在融合的过程中相互适应不同的文化和语境。这种状况通常发生在许多不同的宗教传统在被殖民主义征服的地方，殖民者可能会带来他们的宗教信仰，这些信仰通常与当地的宗教信仰相结合。事实上，宗教融合已经有数千年的历史了，罗马人和希腊人融合了其他文化的宗教，包括将他人的神与自己的神相融合。

英国巴斯的温泉女神苏利斯·密涅瓦，她是凯尔特（苏利斯）女神和罗马（密涅瓦）女神相融合的产物

福音派基督教

从早期开始，基督教就一直是一种在全球范围内积极传教的宗教。历史上，罗马天主教通过十字军和传教士的努力，得以在欧洲殖民地和更远的地方传播。今天，福音派基督教在包括撒哈拉沙漠以南的非洲和拉丁美洲获得了广泛关注。

加勒比地区的宗教融合

欧洲帝国主义强迫中非和西非人民到加勒比地区从事种植园工作，所以，宗教融合在加勒比文化中发挥了重要作用。牙买加的拉斯塔法里运动融合了基督教复兴主义和泛非主义的信仰及仪式，属于一种高度的宗教融合。该地区的其他宗教融合包括伏都教、坎东布莱教和萨泰里阿教，它们允许人们在更广泛的宗教框架内保持他们的传统信仰体系和种族身份。

新的信息和通信技术有助于传播有关宗教习俗的信息，建立跨国交流网络，并通过宗教散居加强人们与其家乡的联系。长期以来，随着人们在异国他乡重建他们的信仰和习俗，宗教与移民变得密不可分，并以动态的方式发生改变以适应新环境。

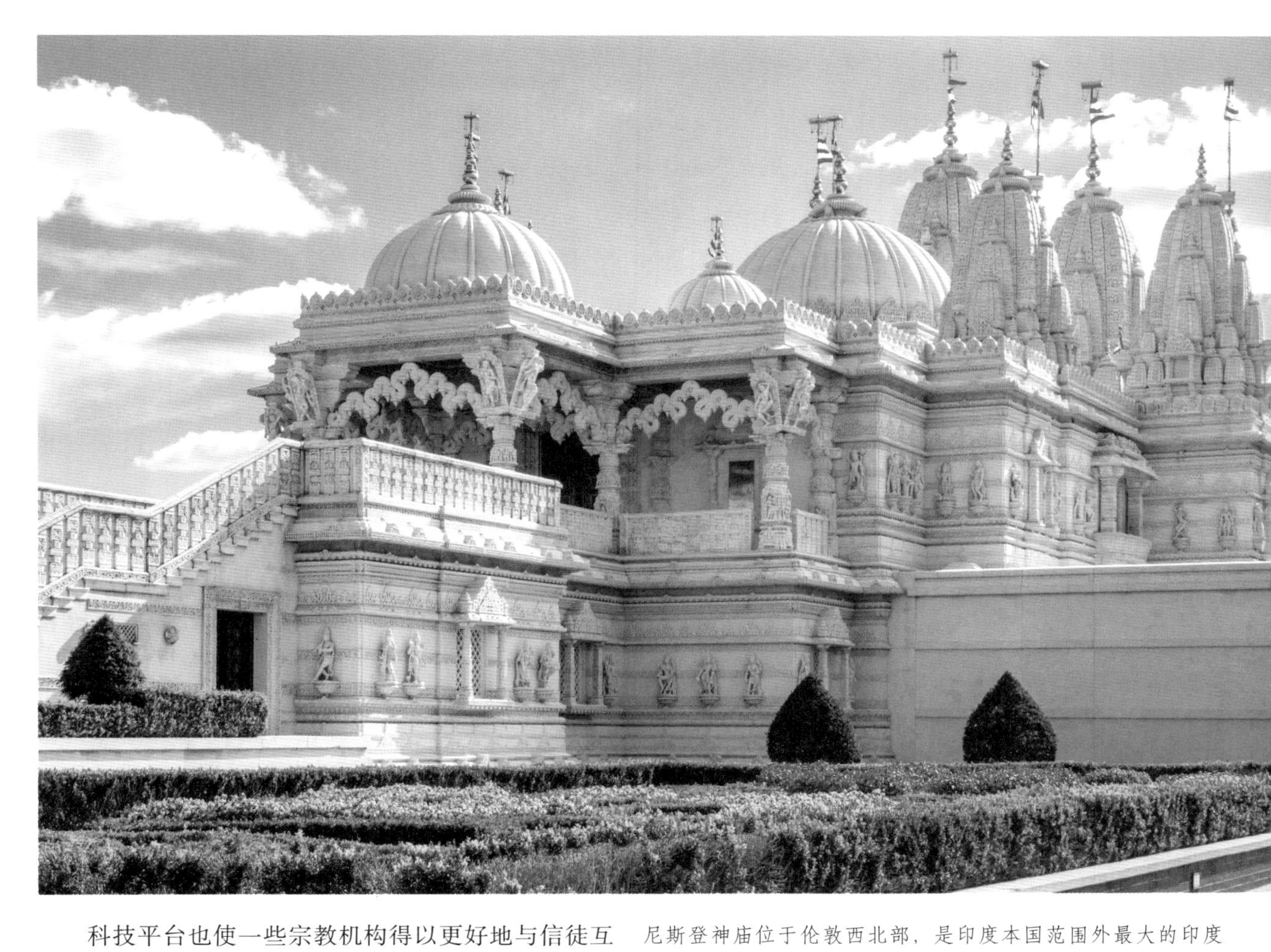

科技平台也使一些宗教机构得以更好地与信徒互动，加强了信徒之间的沟通。例如，“忏悔”应用程序会引导天主教徒举行忏悔仪式。

尼斯登神庙位于伦敦西北部，是印度本国范围外最大的印度教寺庙之一，并成为许多英属印度教社区的重要文化中心。宗教生活可以带来强烈的归属感、共同的观念并在分散的人群中建立全球网络连接

寻找清真食品

吃清真食品是伊斯兰教习俗的重要组成部分。近年来，寻找清真食品变得十分容易，因为智能手机应用程序可以帮助穆斯林快速找到附近的清真餐厅和商店。

修行佛法

自4世纪以来，藏传佛教就开始使用转经轮。圆筒形转经轮的外面写着一条经文。信徒们相信，转经轮和祈祷有同样的效果。

2020年新冠肺炎肆虐阻碍了人们外出聚会，许多教堂被迫在网上举行大部分宗教仪式

在全球化时代，宗教在以更强的适应性面对前所未有的挑战。2020年新冠疫情暴发后，许多宗教机构推出了线上服务，广泛地使用社交媒体与信徒建立联系。

人类学致力于通过研究对象的文化框架来理解人们的宗教信仰和实践。当涉及宗教研究时，文化相对主义方法的一些挑战尤其显著。如果你不是信徒，你能完全理解宗教的意义吗？如果你实践你信奉的宗教，你能保持客观中立吗？这类难题经常在田野调查中出现，但在宗教研究中表现得更加突出。

发送祷告笔记

耶路撒冷老城的西墙对犹太人而言是最神圣的地方，具有重大的历史意义。犹太人相信墙壁内有神圣的存在，所以将手写的祈祷笔记放置在墙裂缝中。新技术使在线服务成为可能，人们通过电子邮件、传真或短信（即时消息）向西墙发送祈祷文，然后由工作人员打印出来并放置在墙缝中。在线虚拟现实的实地考察旅行也让个人无须离开家就能“到达”西墙。

第六章
性别与性

性别实践—性别与性—性别二元论？—性别与生命政治—性别操演—性别关系中的分离与变异—“猎人都是男人？”—性、生物与文化—种族与性—移民与全球化

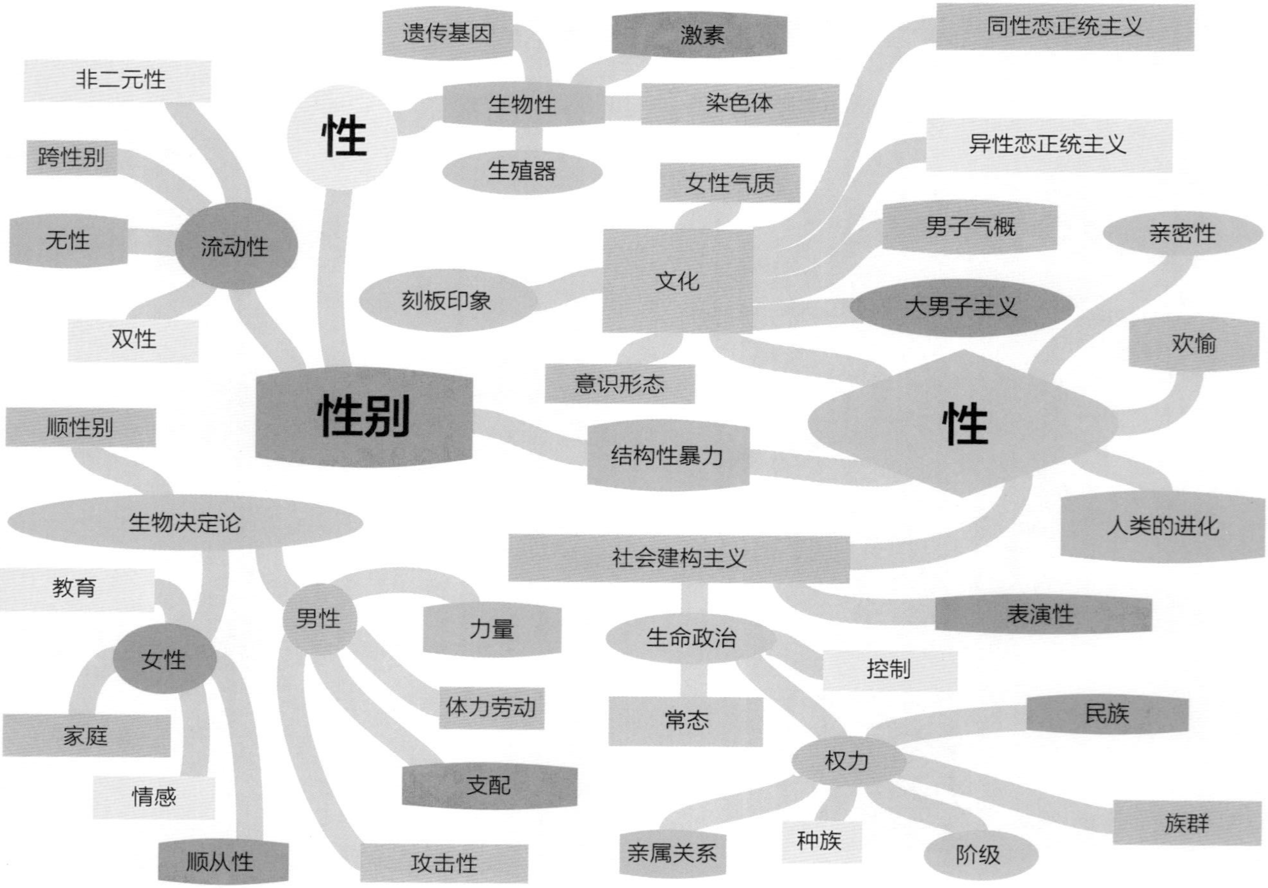

性别实践

从出生那一刻起，我们就开始学习文化习俗了，包括如何说话、吃饭、走路、穿衣和用性别化的方式表达自己。我们小小年纪就身处性别文化的建构之中，性别文化的建构是通过多种社会渠道实现的，包括父母、兄弟姐妹、朋友、老师和媒体等。我们在身处的文化框架内学着去表现和认可特定的行为是女性的或男性的。例如，属于男孩或女孩的姓名，区分性别的服装、颜色和打扮，特定的发型、运动或说话的语气。我们习得了形形色色的性别表现分类，然后有意识地去表现它们，使女性或男性的定义永久化。

性别以强化角色和期望差异的方式，从一个人的幼年时期就被灌输、被谈论。比如，高度重视女孩的端庄行为、文静有礼的品质以及社交亲和性的培养。相对而言，男孩的培养则侧重于行动、身体、理性、层次感和竞争性。研究表明，即使手边有异性的玩具，孩子们也更喜欢玩“适合性别”的玩具，因为他们能分辨出与性别规范行为相关的正反馈信号

如何应对关于性别的刻板印象

现在人们普遍认为，是文化而非自然建构出生而为男性或女性的性别刻板印象。什么是属于男性或女性的，这类看法在不同的文化中差异很大。例如，在一个社会中被视为“男性工作”的重体力劳动，在其他社会则可能被视为“女性的工作”，甚至是不分性别的工作。

玛格丽特·米德在她的开创性研究中指出，不同文化中的性别角色模式有所不同，这表明性别角色是由社会建构的，而不是由生物本能决定的。从那时起，人类学家在分析性别如何影响人们的社会经验和生活机遇方面发挥了关键作用。女性主义人类学家和新的人类学子学科（如性别和性研究）的最新学术成果，动摇了二元性别身份认同的框架，该框架假设人类处于男性（阳性）和女性（阴性）的整齐划分结构中。跨文化人类学研究也对生理性别和行为之间的假定联系发起了挑战，指出“男性”和“女性”在不同的地方具有不同的含义。

在许多西方国家，女性与家务、轻体力活动、温和、温柔和养育行为联系在一起，男性则与重体力劳动、力量、支配和攻击性联系在一起。然而，人类学家已经证明，在世界上的许多地方，现实情况并非如此。男性和女性扮演的角色都是后天习得的，而与生物学特征无关。

虽然我们常被教导性别、性是与生俱来的，但实际上性别是由文化规范创造和塑造的可变范畴。简言之，关于性别和性的研究推翻了生物决定论，以及认为男性和女性生来就有着完全不同的能力和偏好的观点。

生物决定论

顺性别者 ▶ 性别认同与出生时的生物学性别相符的人，也就是说，他们的性别在出生时就确定了。

跨性别者 ▶ 性别认同与出生时的生物学性别不一致的人。

“顺性”一词现在被用来强调社会性别角色期望中的性别规范、角色和特权。跨性别者和不符合性别要求的个人也在努力证明性别是一个强大的文化体系，关乎我们生活的许多方面。性别决定着我们的生活机遇、社会角色和期望，并调节我们的集体生活，所有这些都与我们的外生殖器有关。通过跨性别者的视角看世界，性别则更具流动性和模糊性，且揭示了社会对男性和女性身体的严格监管方式。女权主义等运动致力于解构二元性别的既定观念，并提供了关于性和性别平等的替代视角。

“厕所法案”

2017年3月，美国北卡罗来纳州通过了《公共设施隐私与安全法案》，俗称“厕所法案”。这部有争议的立法禁止个人进入与出生证上的生物学性别不符的公共厕所。该法案招致对性别政策的许多批评，特别是在跨性别者的共同体中，其中许多人都没有与其性别身份相符的出生证明。现在，性别中立的公共厕所越来越多，厕所法案最终被废除。

性别与性

为便于人们理解性别在生物学和文化方面的区别，人类学家对性和性别进行了区分。一个人的性（sex，生理性别）是指生理上和生物学上的差异，主要集中在性器官和染色体上。虽然男性和女性是典型的生物学性别，但有些人属于中间性，具有混合或模糊的生物学性别特征。事实上，人类男性和女性的身体在性别上的相似性远大于差异性。至于常见的性别刻板印象，如力量、身高、体重、音调和寿命，大多数都与生物学特征有关。

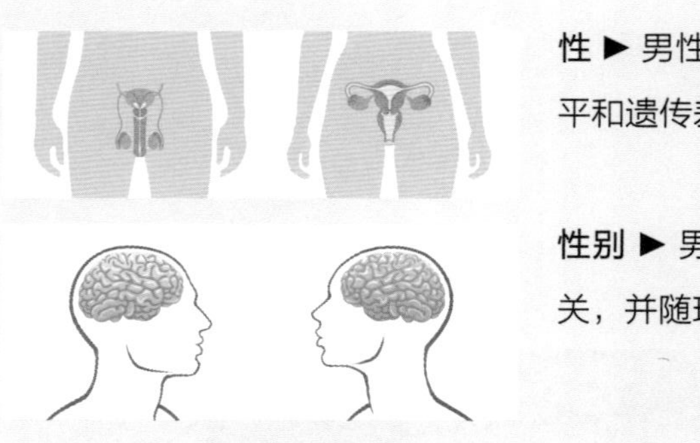

性 ▶ 男性或女性之间的生物学差异，包括生殖器、染色体、激素水平和遗传差异。

性别 ▶ 男性或女性之间的社会学差异，这些差异与特定的环境有关，并随环境和人际关系而变化。

社会性别建构

另一方面，性别（gender，社会性别）是由社会建构的。不同文化基于性别赋予人们的角色、行为、活动和属性，这是一种通过后天学习拥有的身份。一个人可能会表现出自己认同的性别，也可能会违反社会规范，去选择男性或女性的性别角色。不同社会的性别特征可能有所不同，在有些社会中，穿裙子被视为女性的性别特征，但在某些文化中，比如非洲和中东，长袍通常被视为男性的性别特征。

性别二元论?

人们通常认为世界上的所有文化都将人类分成两种性别，这就是性别二元论。但在某些文化中，性别的流动性很强。例如，人类学家通过回溯悠久的历史，注意到女性的替代性别和性行为模式。美洲原住民社区里有“两个灵魂”的人，他们表现出的性别不同于其生物学性别。在萨摩亚的太平洋岛屿和法夫群岛，存在着“第三性别”，那里的人用fa’afafine一词描述具有男性和女性特征的个体。

在印度，hijra代指拥有第三种性别的个体，在社会中居于受人尊敬但又相互矛盾的位置。hijra通常具有男性的生物学特征，其中有的人选择切除他们的生殖器变成另一种性别。在文化上，他们不是男性，而是女性。虽然hijra在一些重大仪式中备受尊敬，如婴儿出生、婚礼等活动，但他们也面临着严重的歧视和暴力。一些hijra生活在社会边缘，靠乞讨和性工作维生，是犯罪分子的目标。

媒体和时尚中的性别

女性气质和男性气质共同主宰着我们的文化。媒体和时尚产业只是其中一部分，却令我们与规范文化融为一体。女性主义学者杰梅茵·格里尔提出了“女太监”的概念，她认为女性从小便按照男权社会的意愿被培养，逐渐成为精神上被阉割的人。

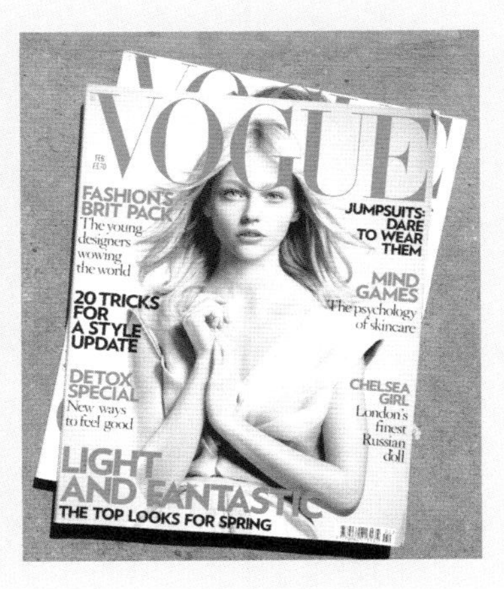

半女之王是一位雌雄同体的神，由印度教的两位女神湿婆和帕尔瓦蒂组成

通常，人类的生物学性别分为两大类，即男性和女性，两者之间的差异主要表现在生殖器、解剖结构或染色体上。但相关研究表明，每1 500名婴儿中就有一名的生殖器特征不明显，他们在特定文化中可能扮演的性别角色也就无法预见。

尽管跨文化的例子表明性别二元论不是普遍的，甚至不是必需的，但有些文化通过手术、激素治疗或强烈的社会化形式将婴儿分成两类性别。有的科学机构（如美国儿科学会）宣布，出生时生殖器不明的孩子是“社会紧急状况”的原因。于是，许多西方国家通过医疗手段予以“纠正”，在这些中间性婴儿长大到可以做出决定之时，强迫他们进入男性和女性的文化范畴。这些医疗干预措施清楚地反映了社会对人的身体进行调节的极端情况，体现了两性之间的“正常性”和社会可接受的性别分类。但在其他地方，第三或第四种性别类别超越了性别二元论。

是什么让你成为男人或女人?

奥运冠军卡斯特·塞门亚（1991年至今）因为她的跑步能力和外表而受到媒体、竞技选手和体育管理机构的密切关注。她的竞争对手指控她是一名男子，不应参加女子赛跑。塞门亚在法律上的身份是女性，从出生时一直作为女性被抚养，尽管如此，国际田径联合会（IAAF，简称国际田联）对塞门亚仍然存在性别歧视。比赛期间，妇科医生、内分泌学家、心理学家试图就她的性别以及她能否与其他女选手同场竞技做出决定。性别测试报告显示，塞门亚或因染色体变异，或因非典型生殖器官，所以她很可能是雌雄同体。这意味着从生物学角度讲，她不适合被归入男性或女性类别。但最终，塞门亚被准许参赛，并在2012年和2016年的奥运会800米女子赛跑中均获金牌。2018年，国际田联宣布了一项新的“性别差异发展规则”，要求400米、800米和1500米赛跑的参赛者如果睾酮水平高于5 nmol/L（纳摩尔/升），就要服用药物以降低睾酮水平。然而，自然产生的激素和中间性条件的处理方式有所不同，部分原因是它们涉及性和性别等有争议的话题。塞门亚的故事反映了跨性别者是如何被审视的，以及他们会面临诸多性别规范方面的歧视。

塞门亚在2016年的里约热内卢奥运会800米赛跑中赢得金牌

性别与生命政治

米歇尔·福柯

最近的大多数人类学研究都把性别问题作为一个重要的研究方向。把性别视为一种表现的观念，在很大程度上要归功于法国哲学家米歇尔·福柯（1926—1984）的开创性理论研究。福柯的生命政治学与权力理论有助于揭示某些思想体系或概念，如“性别”，是如何在内部通过社会关系实现规范化的。

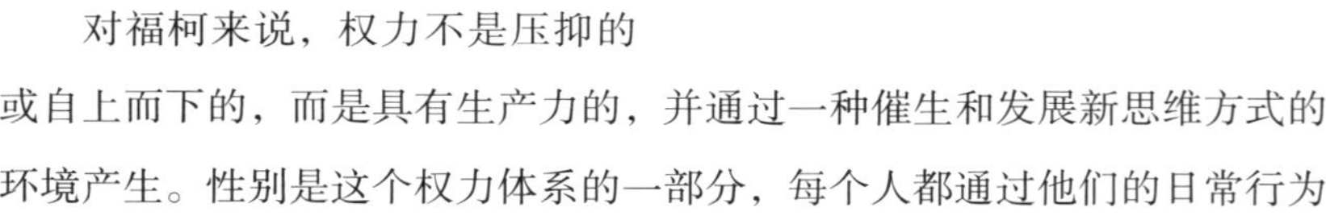

对福柯来说，权力不是压抑的或自上而下的，而是具有生产力的，并通过一种催生和发展新思维方式的环境产生。性别是这个权力体系的一部分，每个人都通过他们的日常行为和感知来复制它。

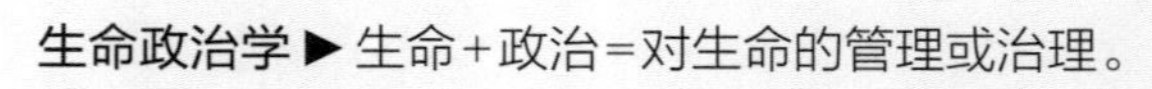

生命政治学▶生命+政治=对生命的管理或治理。

在《规训与惩罚》（1975）一书中，福柯认为现代社会是一个“规训社会”，这意味着我们这个时代的权力在很大程度上是通过各种机构（如学校、医院和法律机构）来行使的。这些都会塑造我们的行为和感知，使我们成为视某些事物为“正常”的特殊主体，反过来，我们也会塑造和规范他人的行为。人类学家和社会科学家已经开始在福柯的框架下，探索权力如何及为何投资、训练和生产性别化的肉体。

性别的流动性

许多性别研究学者已放弃使用“生物学上的男性”或“生物学上的女性”的分类标签，这对凸显性别的力量，以及为跨性别者创造空间大有帮助，因为他们不适用性别二元论。

生命政治学与权力

“规训社会”

探索权力的人类学家

西蒙娜·德·波伏瓦（1908—1986）

米歇尔·福柯（1926—1984）

朱迪斯·巴特勒（1956年至今）

哪些机构规训了你？在瑞典，一些学校试图通过全性别玩具和运动来解决性别差异问题，他们还使用性别中立的代词或名称，重新编写故事和歌曲，纳入非核心家庭与性别刻板印象相悖的角色。这些性别中立的教学方法得到了一些人的支持，因为它允许个人找到真实的自我，抛弃了性别成见。但也有人批评说，儿童其实并没有准备好适应社会中现实存在的性别动态

性别操演

社会学家朱迪斯·巴特勒（1956年至今）以追随福柯的思想并发展性别的表现理论而著称。在《性别麻烦》（1990）中，巴特勒认为性别和性不是一回事，两者都不是解剖学事实，但社会将我们的内在性别和性取向铭刻于我们的外在身体。巴特勒重新解释了西蒙娜·德·波伏瓦（1908—1986）在《第二性》（1949）中的著名论述，即“一个人并非生下来就是一个女人，而是成为一个女人”，揭示了性别是如何发挥作用的。

朱迪斯·巴特勒

性别是什么，我们经常无意识地表现它，我们的动作、言语和行事方式，巩固了我们作为男人或女人的形象。福柯使用了著名的全景监狱的例子，在那里，所有囚犯都被一座瞭望塔持续监控着。福柯以此做类比，来说明权力是如何通过自我监管的形式运作的。同样，巴特勒详细介绍了我们的性别认同是如何被社会监控并用于规范我们自己的行为的。

性别操演这一概念质疑了由生物因素决定性别角色和身份的观念。性别认同是一种依赖于周围环境的行为和行为的重复；性别操演是有意识地习得的，无意识地根植于个体的内心。

全景监狱

英国哲学家和社会理论家杰里米·边沁（1748—1832）于18世纪后期提出了全景监狱的构想。边沁将其描述为一种“获得以心治心的权力的新模式”。

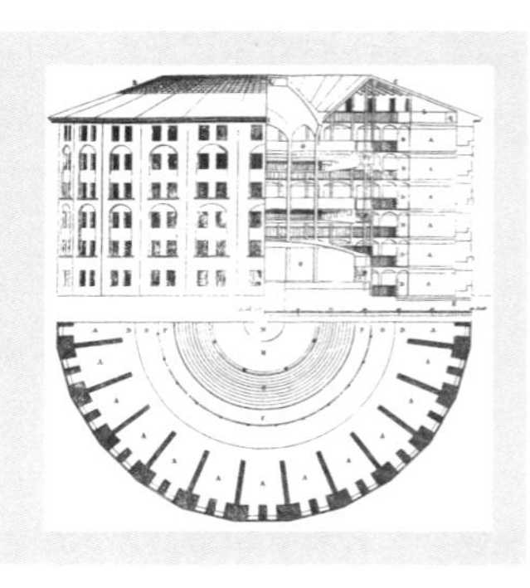

巴特勒关于性别操演的研究工作对提出重要的性别问题来说至关重要，这个概念有助于使监管制度和社会中关于性别和性行为的话语正常化。不过，考虑社会如何在性别实践和意义方面表现出巨大可变性的，这个问题也很重要。

性别刻板印象 ▶ 在特定文化中，关于男性和女性之间的可接受和适当的二元差异。

刻板印象

性别意识形态 ▶ 一种文化信仰体系，通常由刻板印象构成，认为不同的性别有不同的基本特征。通常用于给男性和女性强加上特殊的角色和权利。

性别关系中的分离与变异

在奉行二元性别论的社会中，男女之间的差异仍然很大。在有些地方，性别差异几乎无处不在，涉及工作、家庭生活、通信、交通、着装和社交生活等方方面面。

世界上不乏男性与女性空间分离的例子，如传统的蒙古包分为男性一侧和女性一侧。性别分离也可能是通过行为产生的，如避免眼神接触、戴头纱等

在印度，很多寺庙都有禁止女性在经期进入的限制，因为那被视为一种亵渎。2018年，经过印度女权活动家的共同努力，该国最高法院在喀拉拉邦著名的阿亚潘寺废除了这项禁令

在一些高度隔离的社会中，性别的划分甚至是病理性的，其中一种性别（通常是女性）被视为对另一种性别的威胁和伤害，比如经血和其他女性体液被认为会给男性带来危险和污染。正统的犹太教女性在经期被认为是不洁的，经期结束后，她们必须将自己置于仪式浴中，以再次变得纯洁。

相比之下，有些社区则会举行仪式庆祝女性经期的到来，他们把经血视为女性的积极力量和生育能力。例如，在新几内亚的桑比亚，男性参加仪式化的流鼻血实践，而且通常是在他们妻子的经期，以此作为“男性月经”的一种形式。相关研究的结论千差万别，从流鼻血仪式作为社会团结的一种形式，到男性借助超自然力量从女性手中夺取权力，不一而足。

驾驶权

截至 2018 年 6 月，沙特阿拉伯是全球唯一禁止女性驾驶机动车辆的国家。女性驾照获得运动由沙特阿拉伯的女性发起，旨在推翻这项禁令。尽管参与者面临被逮捕和监禁的风险，但她们在该国的公共道路上组织实施了大规模驾驶活动。

尽管沙特阿拉伯的女性现在可以开车了，但她们仍然受限于与男性相关的监护法基本决定，涉及就业、结婚、离婚、诉讼、旅行和房产等多个方面。然而，人类学家里拉·阿布–霍德（1952年至今）挑战了英、美关于沙特阿拉伯女性无法代理或控制自己生活的假设。许多人使用替代性手段，如伊斯兰教的和文学性的话语策略，来倡导女性的权利。

然而，即使这些做法都在强调社会分离、权利和控制的性别意识形态，在男性占主导地位的那些社会中，女性也可以找到突破严格的性别界限的方法和手段。

偏差处罚

性别规范是通过家庭信仰、同侪压力、管理机构创建和执行的，如教育、宗教、媒体和政府。违反这些社会分隔的规则的行为之间差别很大，可能是跨越性别界线的行为，也可能是性别暴力行为。性别暴力涉及多种不同的形式，包括辱骂、骚扰、跟踪、强奸、杀害女婴、性交易、切割女性生殖器、荣誉谋杀、殴打及各种虐待行为。

结构性性别暴力 ▶ 一种制度性的社会结构，它会因为一个人的性别而影响其获得食物、住所和医疗等基本资源，并使之在政治、经济和社会生活中处于从属地位。

不幸的是，亲密伴侣暴力在世界范围内司空见惯，影响所有性别、性取向、年龄段和社会阶层的人。暴力和暴力威胁都是试图通过权力控制其他人的行为。关于家庭暴力的人类学研究侧重于文化信仰和规范，以及政治、经济等支持所有类型暴力的社会结构。人类学家基于他们对地域文化的深刻理解，提出了保护个人免受性别暴力的文化敏感性方式，并通过社会话语体现出来。人类学家恩格尔·梅里（1944—2020）认为，这是在将免受暴力的人权原则翻译为本地语言。

性别平等主义：“筷子只能成双使用”

性和婚姻受到关于“荣誉”或“耻辱”的普遍看法的严格制约。玛乔丽·肖斯塔克（1945—1996）在对卡拉哈里沙漠居民的研究中发现，婚外性行为在他们中间很常见。性被他们称为“食物”，对生存而言至关重要，婚外性行为为他们带来了激情、兴奋感和物质利益。

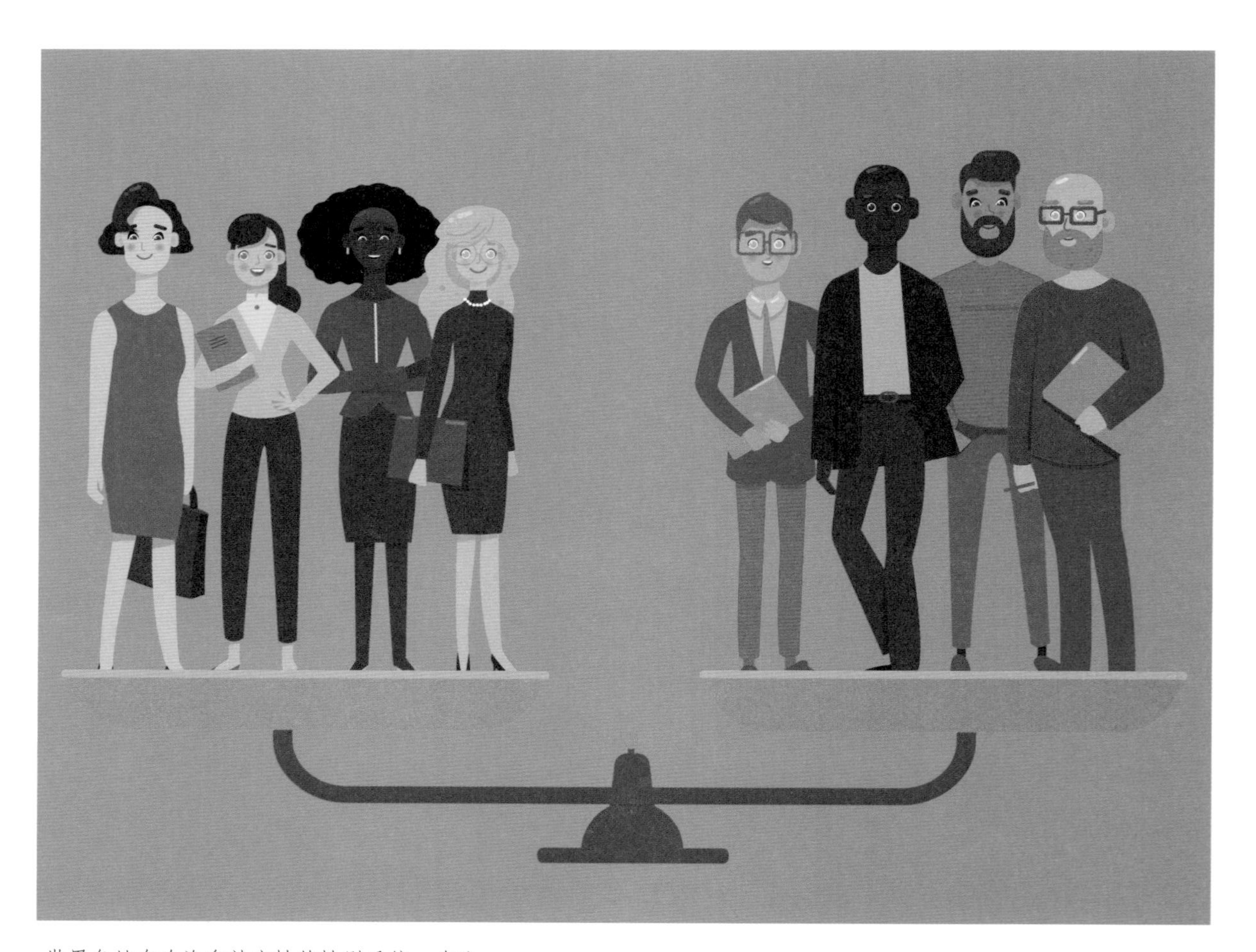

世界各地存在许多补充性的性别系统，在这些系统中，解剖学上的差异并不构成差别待遇的证据

根据关于狩猎采集者的刻板印象，男性的支配地位显然是人类进化的一部分。但是，已知的觅食社会并不存在这种明显的劳动分工

在某些社会中，男性和女性被认为具有同等价值和互补性。例如，中国的男性和女性都会外出工作，秉持同样的社会规范和道德标准，在血统、经济、权利和责任方面均体现出性别平等的观念。当代性别意识形态倾向于强调共同点而不是差异，例如，性别与其说是一种身份，不如说是一种社会角色——在特定的社会背景下成为儿子、女儿、丈夫或妻子。一个人在不同的生命阶段如何扮演这些角色，也有着显著的多样性。即使人们看起来可能符合规范，他们也会找到方法颠覆或无视它们。

“猎人都是男人？”

人们常说，男性和女性有着先天的生理差异，这可能与人类起源的早期传说有关。例如，“男人是猎人，女人是服务者”，这个说法暗示了男性天生具有侵略性，并拥有支配家庭、性伴侣和后代的地位，而女性则应该承担采集水果、根茎和坚果，以及生儿育女的工作。某些社会的当代性别角色分工正是基于这种说法，即父亲是提供者和权威人物，母亲则是家庭内部的维护者和孩子的养育者。

狩猎采集角色

虽然这种观点在解释男性与女性的性别角色和社会行为方面颇为流行，但它没有得到人类学研究的支持。实际上，考古学和古生物学的化石证据表明，狩猎通常不涉及大规模的男性长时间、跨地区的探险。相反，在农业产生之前，早期觅食者的饮食方式是杂食性的，主要取决于地理位置或季节，而狩猎只贡献了一小部分肉。最有可能的是，早期的人类祖先以其他食肉动物留下的肉或捕捉小动物为食。

在许多情况下，集体狩猎行为通常发生在女性和男性都参与其中的家庭群体中。例如，在菲律宾，女性、男性和儿童都用狗、刀和弓箭打猎。事实上，在整个社会中，男性和女性都必须了解当地的食物来源，以便高效地寻找和利用这些资源。然而，现代的狩猎采集文化已被投射到人类进化史中，使一些当代的性别模式看起来是理所应当和自然而然的。

母系社会

因为早期的人类祖先更像猿而不是智人，灵长类动物经常被用来理解进化的基础人性，并且被强加了错误的刻板印象，即雄性在灵长类动物群体中占据主导地位。灵长类动物学家西尔玛·罗威尔（1935年至今）的研究表明，狒狒实际上是母系社会，以一只雌狒狒及其后代为中心。

尽管有这些解剖学、考古学和文化方面的证据来揭穿狩猎采集传说的虚假本质，但男人和女人本质上不同的观念仍然根深蒂固。这种观念是我们基因蓝图的一部分，已经有力地渗透到西方文化中。人类学家指出，这种民间模型很像20世纪50年代西方中产阶级核心家庭，后者植根于19世纪后期对“女性”和“家庭崇拜”的信仰。相反，狩猎采集传说是以男性为中心的，从而为西方社会不平等的性别关系提供了借口。由于这些根深蒂固的观念，女性往往因生理因素而被视为“软弱”“情绪化”的追随者，而非自信、果敢的领导者。

男性中心主义 ▶ 以男性观点为中心而形成的世界观、历史观和文化。

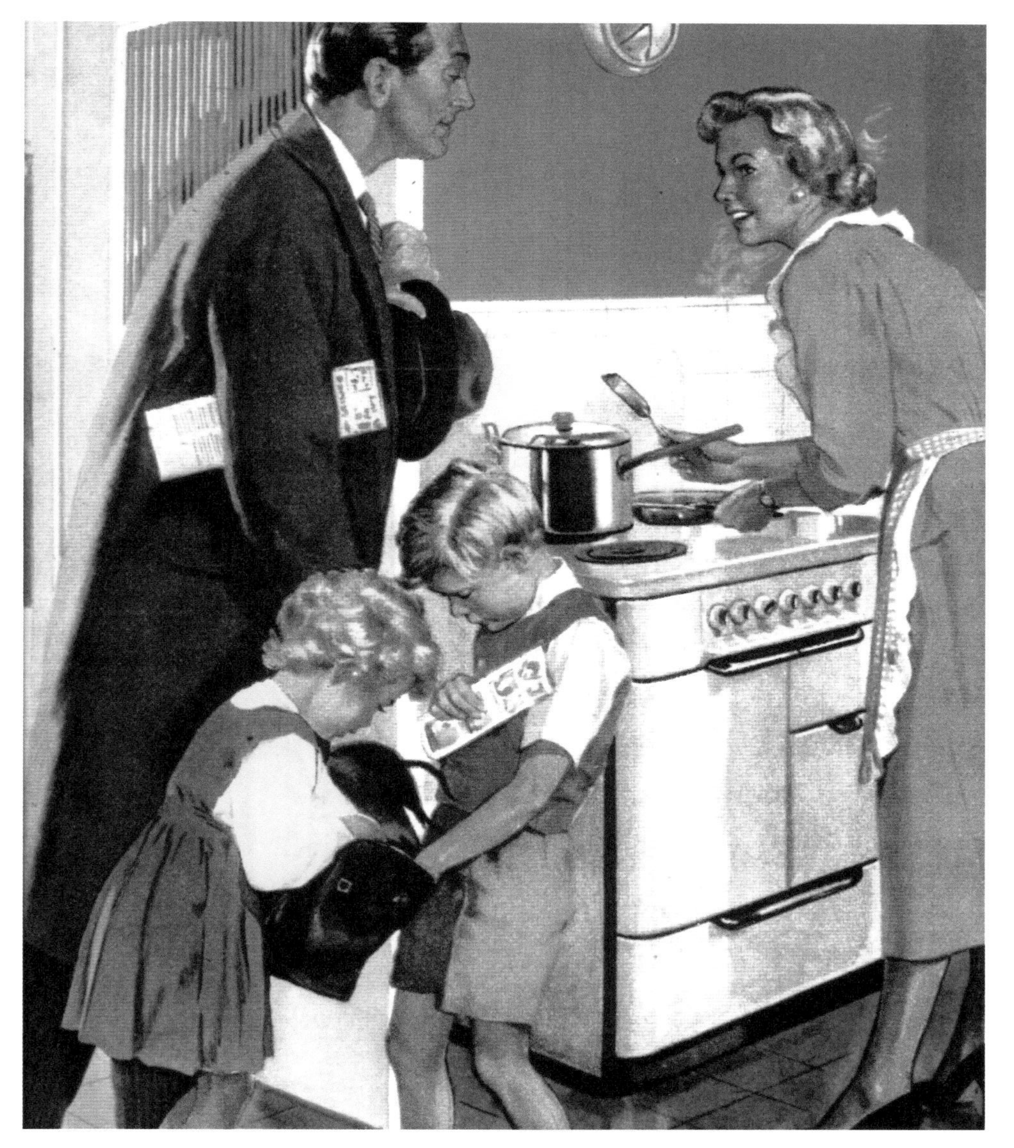

狩猎采集观念在19世纪对家庭生活的倡导下扎根，并渗透到当代生活中。早期的人类学研究和达尔文的进化论，与英国维多利亚时代的性别角色观念交织在一起

性、生物与文化

性

性（sexuality）是指生理欲望及与亲密关系和愉悦感有关的性行为。今天，性与性别密切相关，一个人的性欲和色情幻想往往与一个人的性别欲望有关。虽然人们通常认为性本能和性行为是自然的，但人类的性行为就像性别一样，也会受到生物学、环境和文化的相互作用的影响。人类学家玛格丽特·米德和布罗尼斯拉夫·马林诺夫斯基在20世纪初揭示了性行为和生殖关系在不同地区的巨大差异。

性 ▶ 生理欲望及与亲密关系和愉悦感有关的性行为。

人类进化论

根据这一观点，人类创造的生物驱动力深深嵌入了我们的基因，塑造了我们的大脑并控制了我们的激素。生物人类学家海伦·费舍尔（1945年至今）在其著作《我们为什么爱：浪漫爱情的性质和化学原理》（2004）中指出，人类的爱、欲望和依恋源于大脑中三种关键的神经递质（多巴胺、去甲肾上腺素和5–羟色胺）与包括睾酮在内的激素的结合。人类通过进化产生了这些神经化学物质，以激发爱和依恋的感觉，进而保证人类物种的繁殖和生存。

然而，基因本身并不能解释人类的性欲和性行为的复杂性。我们身处的环境在激发吸引力和欲望方面起着至关重要的作用。虽然特定行为的频率可能涉及生物学因素，但我们很难找到基因和性行为之间的联系。遗传学家至今还没有发现支配性取向的基因，如“异性恋”或“同性恋”基因。

人类学家对人类性行为的当代表达进行了思考，并发展出两个主要的思想流派：人类进化学派和社会建构主义学派。这两种观点并不相互排斥，而是侧重于不同的研究方向。将体质人类学/生物人类学和社会文化人类学结合起来，有助于解释人类的性欲和性行为。

社会建构主义

人类学中研究性的另一个主要的思想流派是社会建构主义，他们考虑的问题是：物理和文化环境如何塑造了我们的性欲和性行为。虽然我们的感觉和欲望可能与进化有关，但从胎儿时期开始，我们的基因就与一系列营养物质、声音和情绪发生了相互作用。出生后，我们通过父母、家庭、朋友、媒体、医疗、宗教、教育机构和广大公众，了解什么是规范的性欲，以及这种感觉应该如何以“可接受”的方式表达出来。人类学家已经证明，在某些社会中，人们将性行为划分为特定的有界类别（如同性恋和异性恋），抑制了人类性表达的多样化。特殊的性取向会导致个体遭受歧视、暴力和排挤，他们的就业、医疗保健和其他方面的资源也会受到影响。

替代概念

审视过去和跨文化的性行为，我们发现了人类性行为在时间、地点、对象和方式等方面的巨大差异。这种全球多样性挑战了西方倡导异性性行为的规范观念，促使我们以不同的方式思考性行为和性别政治。

异性恋正统主义 ▶ 一种与性和性别相关的社会期望，其基础为性别二元论，并认为异性恋是一种“正常”的性取向。

对性的关注

米歇尔·福柯的《性经验史》（1978）对研究性的社会建构主义方法产生了巨大影响，至今仍是一部经典之作。与他对性别的社会建构采取的研究方法一样，福柯提醒人们将性视为一个研究领域和控制领域。他认为所有性行为都有潜在的历史，这表明被社会认定为“正常”或“不正常”的做事方式实际上是一种社会创造，具体取决于特定的社会。福柯反对“压制性假设”，该假设认为西方工业社会随着资本主义的崛起而压制性行为。

相反，福柯追溯了18—19世纪西欧国家关于性的讨论急剧增加的情况，但作为一个特定的分析主题，自封“专家”者——医生、精神病学家、宗教机构和政府机构——聚集在一起，他们通过创造权威性的词汇去探讨人们的性行为及其背后的原因。同性恋作为性行为的一种方式，与作为一种正统的社会期望和身份认同的异性恋区别开来。

流动的性别认同

直到2013年，同性婚姻在英国才实现了合法化。但在许多社会，从日本武士到墨西哥玛雅人，长期以来他们都承认同性恋。例如，在19世纪初的日本，同性恋被广泛接受并成为文学艺术作品的主题。然而，在19世纪末，随着西方文化的引入并成为主流，这种情况发生了很大的变化。

风月场所里的两对情侣，铃木春信1769—1770年绘

在西方化之前，日本的性行为与特定的性别身份或取向之间没有任何联系：人们并不认为自己是男同性恋或女同性恋。同性恋和异性恋的分类直到19世纪末才出现，女同性恋或男同性恋的概念直到20世纪才出现。人类学家凯思·韦斯顿强调了将西方术语转换为性行为和性别身份可能会带来的一些问题，并写道：说出“我是一个同性恋者”是有前提的：在一个社会中，如果一个人触摸了另一个同性的生殖器，却没有一句话能解释这

种行为，那么他可能就无法理解这种方式。所以，“同性恋”、“女同性恋”或“双性恋”等都是反映特定文化的性别意识形态的概念。异性恋成为特权的主要符号，而同性恋是补充性符号。

殖民地凝视

人类学家部分地参与了性的社会构建。许多关注性的早期民族志学者在第一次研究性时，没有认识到他们自己关于性欲和身份认同的固有假设是如何构建的。在民族志学者看来是“性”的东西，在研究参与者看来可能不算性。许多人还受到了韦斯顿所谓的“动物和动物群”方法的影响，他们过分关注数据的收集，而不质疑其意义和含义，也不反思自己对收集内容的偏见。此外，早期研究人员倾向于将超性化的标签贴在研究对象身上，将后者描述成性欲不受约束的人。所谓的“霍屯督·维纳斯”是一个关于“殖民地凝视”的臭名昭著的例子，它反映了被欧洲人贬为“原始”的殖民地人民被过度性化。

性的商品化和地缘政治

在许多文化中，性取向在很长时间里都没有被政治化，直到20世纪90年代，全球艾滋病背景下出现了一种流行的同性恋身份。然而，同性恋不是一个单一或普遍的身份。 人类学家和性别研究学者已经发现了一种独特的同性恋身份是如何在当今的消费文化中形成的，主要归因于晚期资本主义创造的社会条件。性别研究学者罗斯玛丽·亨尼西（1950年至今）在《利益与快感：晚期资本主义的性取向》（2000）一书中指出，同性伴侣关系也受到资本主义消费圈的制约：在这个圈子里，“钱才是底线，而非自由”。这是一种被泛称为“彩虹资本主义”的现象，性别多样性被纳入新的消费模式：同性恋、健全人、白人、城里人和具有较强购买力的中上阶层。

同性恋霸权主义 ▶ 规范化同性恋身份的描述，借鉴了异性恋标准，比如家庭生活、婚姻和消费能力。

这种文化能见度产生了积极的影响：它在极端歧视背景下对同性恋公民权利予以保护，在媒体上宣传了性少数群体（又名“彩虹族”）的正面形象，对许多生活在不被主流文化认可状况下的人来说，这是一种激励。但消费文化中同性恋形象的增加，导致来自中产阶级的白人同性恋者的主体性变得突出（一种同性恋霸权主义），而进一步边缘化了其他人。社会科学家丽莎·达根（1954年至今）认为，这是同性恋权利的有限胜利，因为人们被允许以消费者而不是社会主体的身份被看见。

同性恋霸权主义

随着性少数群体知名度的提高，同性实践也被明确地用于地缘政治目的。“粉红清洗”是一个市场营销和政策术语，旨在促进人们与同性恋者友好相处，这被视为自由和宽容的表现。一个有争议的案例是，2005 年，以色列公开宣传自己是一个进步的、对同性恋人群友好的旅行目的地。性别研究教授贾斯比尔·帕尔（1967年至今）等批评者严厉抨击这场运动是“粉红清洗”的典型案例，意在掩盖巴勒斯坦人在该地区所受的暴力待遇，无疑是同性恋民族主义的一种表现形式。

粉红清洗

同性恋民族主义

近年来，同性伴侣关系受到了社会的广泛关注，促使同性恋公民的权利获得保护。然而，一些批判性的性别研究学者认为，这并没有打破主流规范，而是进一步巩固了它们，比如与婚姻、种族和阶级有关的社会规范。西方消费文化倾向于塑造一个富有的白人同性恋男性的主体形象，然后将其作为“居主导地位的同性恋身份”。考虑到已知世界范围内人类性行为表现的多样性，这一点就更加明显了。批评者指责性自由才应该是目标，而非婚姻平等。不过，人类学家埃伦·勒温（1946年至今）在《认识我们自己》（1998）一书中揭示了促进同性恋婚姻合法化的积极努力背后的意义。当然，对一些人来说，婚姻是政府和宗教机构试图规范性行为的各个方面的一种“可接受”的方式，而这些方面以前不受当局的管理。同时，对其他人来说，婚姻允许同性恋伴侣在一个合法的空间里公开庆祝他们的爱情

尽管无处不在的信息强化了异性恋和同性恋之间规范性的社会关系，人们仍在继续尝试如何最好地满足他们的性欲和构建他们的性生活。越来越多的人选择对他们有吸引力的伴侣，无论是男性、女性、跨性别者、无性恋者还是双性恋者。

种族与性

你所熟悉的关于性和性别的社会规范是什么？为了反击时尚界著名的瘦削体型，一些品牌已经开始在广告和走秀活动中使用体型更加多样化的模特

种族和性之间的联系在西方社会中一直存在，人们对黑人男子、拉美人和亚洲女性的性刻板印象很常见。种族与性的形成一样，都是关于控制的过程，并将任何不在所谓的“正常”范围内的东西和人隐形化。和种族一样，性化也不是一个固定的过程，它揭示了性的社会建构本质。

在《看不见的家庭》（2011）中，社会学家米尼翁·摩尔让人们看到了一个在很大程度上被忽略的群体：有色人种同性恋女性。在摩尔的民族志工作之前，关于女同性恋家庭的研究大多集中在中产阶级的白人女性身上。摩尔通过关注纽约黑人女性及其家庭的多维生活，去着手解决黑人女同性恋者被边缘化的问题。摩尔探究了种族在历史上是如何塑造黑人女同性恋者的身份的，并发现她们与中产阶级白人女同性恋伴侣不同，后者将性体验作为塑造其身份的主要框架。正如摩尔的一位研究对象所描述的：“身为黑人是我始终必须面对的问题。从出生那一刻起，我就开始面对种族主义，了解作为一个黑人女性如何在这个世界上生存。”摩尔描述了在20世纪80年代之前，同性恋性行为是如何与黑人中产阶级领导人在努力实现公民包容的过程中提倡的体面观念背道而驰的。在这一时期，许多黑人同性恋者不愿意通过组建家庭来挑战社会期望。现在，曾经隐性化的关系走向公开化，她们可以结婚、成为母亲和抚养孩子。不过，摩尔研究的那些女性在作为女同性恋公开共同生活时仍然面临歧视。她们通过在种族与性的交叉处表现体面的理念来应对挑战。

美貌规范

美貌规范及其与种族、性行为的联系，显著影响着谁的外表是受欢迎和被肯定的。在许多地区，如加勒比、中东、非洲和亚洲，浅肤色作为美丽的标志深深植根于奴隶制和殖民主义的历史。越来越多的皮肤美白产品的消费巩固了奴隶制和殖民主义时期白人至上的意识形态。这些种族不平等制度和表现通过西方的消费文化得以巩固，全球制药和美容化妆品公司持续通过营销活动加强肤色与魅力、性感之间的联系。

当代的美学概念在很大程度上是由大众传媒塑造的。尽管存在医疗问题和道德问题，但美白产品的生产和销售已造就了一个价值数十亿美元的产业

移民与全球化

全球化对性行为的表达产生了重大影响。对人类学家来说，研究的关键在于理解经济学和性行为之间的关系。全球化推动了西方的性规范在世界范围内的传播，但与此同时，跨境移民潮也通过创新本地文化和全球性文化重塑了性行为。

在民族志作品《为爱而动：韩国艺人和美国军队》（2013）中，人类学家郑诗灵（Seag Cheng）重点关注了韩国将营区（美国驻军城镇）的菲律宾女性艺人和性工作者。国际非政府组织、女权主义者和媒体将这些女性认定为“性交易的受害者”，是被迫卖淫的。郑诗灵深入研究了其中多位女性的过程和意愿，以了解她们从事性工作的动机。最终她指出，是这些女性主动选择了从事这个行业，并且知道其中的风险。她们相信，赚钱有助于她们摆脱在菲律宾的贫困处境，即使这会导致她们背离家庭、文化和宗教确立的理想女性概念的要求。非政府组织、政府组织和法律意在保护“被迫卖淫”的女性，但这常常导致菲律宾女性移民的生活更加不稳定，因为她们不得不逃避与性工作有关的法律，而进入影子经济。郑诗灵认为，这种法治化和监管的趋势是由男性主义的家庭理想驱动的，即女性的性行为是为了在家庭中生儿育女。

人类性行为在文化、空间和时间上都是丰富多样的。人们表达性欲望和激情的许多方式促使我们考虑性开放的可能性，但性行为不只是出于个人欲望。透过人类学的镜头，我们可以看到人类性行为的许多方面都是从出生那一刻起由社会建构的，受到文化规范、人类互动和社会期望的影响。同时，性行为也与权力体系交织在一起，影响到人们对特权、权利和资源的获取。

对性别和性行为的处理方法在世界各地不断地发展。人类学帮助我们以另一种方式看世界，并认识到如果我们能换位思考，曾经根深蒂固的信仰体系就可以改变。人类学家的贡献有助于我们接触不同的生活方式，也有助于我们审视自己和貌似根深蒂固的文化规范。

第七章
种族与种族主义

种族是真实存在的吗？—种族与人类学—世界各地的种族建构—种族主义与特权—全球化和激进主义

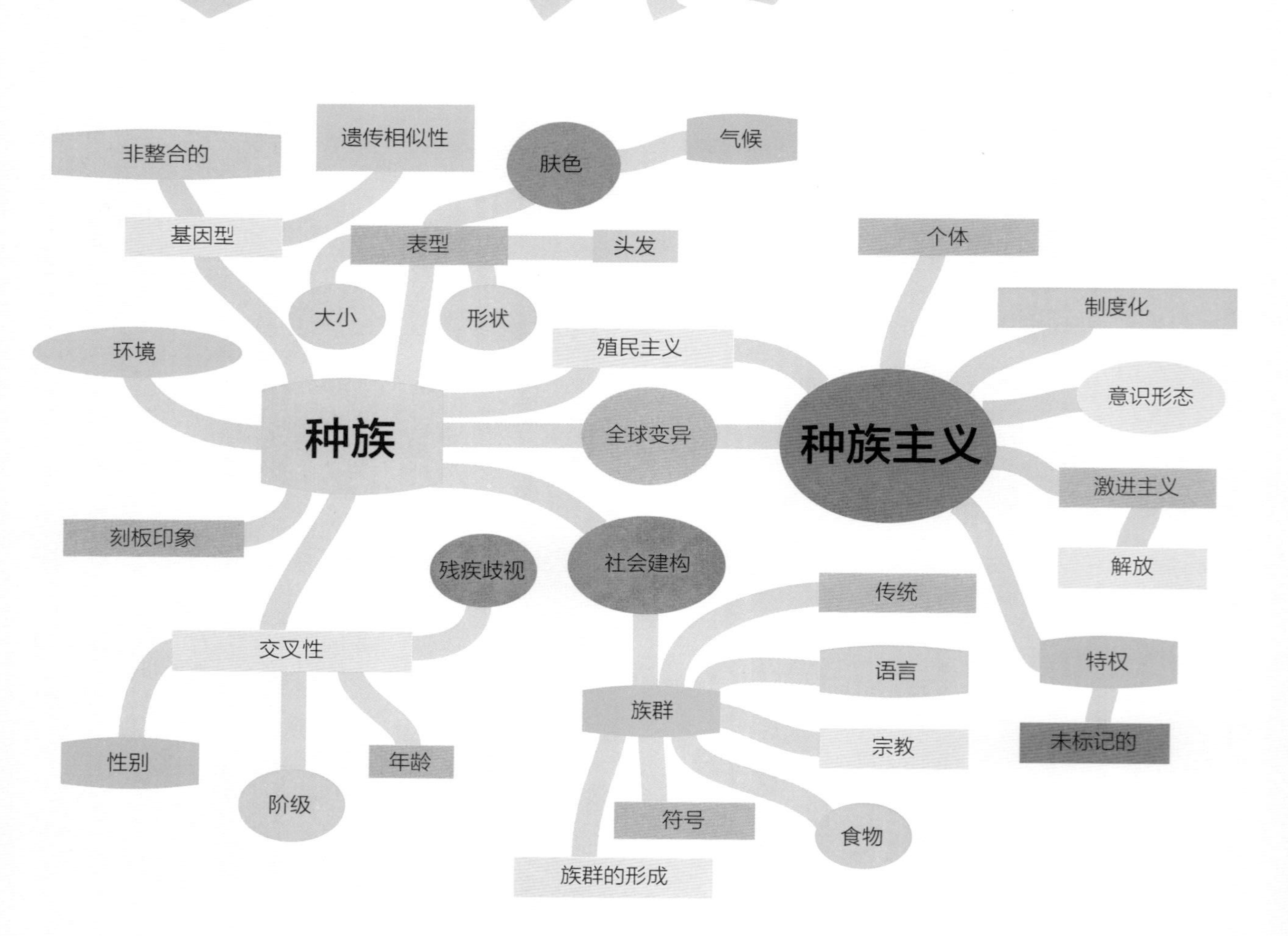

种族是真实存在的吗?

2020年8月25日，巴西最高选举法院裁定，黑人政治候选人必须获得同等比例的广播时间和公共资金，这些新规将在2022年的巴西选举中生效。人们希望这些新规能够确保巴西朝着更好的方向发展，使其政治精英的种族构成更加多样化。巴西是一个人口多元化的国家，有非洲裔、欧洲裔和原住民。黑人和混血人口占巴西总人口的近55%，然而，有色人种在巴西国会下议院的占比还不到1/4。事实上，在一个大多数人口都有全部或部分非洲血统的国家，巴西黑人遭受了极端的歧视和暴力，在生活质量方面更是不如巴西白人。

在2020年5月乔治·弗洛伊德在明尼阿波利斯被害的一周前，巴西人民还在为14岁的皮恩托哀悼，这名少年在里约热内卢贫民区的一次失败的警务行动中不幸遇难。2020年7月，一段视频曝光了圣保罗的一名军警踩在一名儿童和一名51岁的黑人女性脖子上的恶行。类似的事件不断发酵，促使巴西警察队伍做出改变：他们就减少对公民过度使用武力的问题实施了新的培训计划，并在警察制服上安装了人体摄像头，试图督促警察对他们的行为负起责任。然而，这类针对有色人种的暴力事件在巴西非常普遍，仅2019年上半年，在里约热内卢被警察杀害的平民中，就有80%是黑人。

巴西有着漫长的种族主义历史，其人口结构反映出一个严峻的现实：在作为葡萄牙殖民地期间（1500—1815），经过跨大西洋的奴隶贸易，有40%的非洲人（超过400万人）被强行运到巴西，在矿场和种植园里劳动。这个数字是被贩卖至美国的黑人人口的10倍。1888年，巴西成为美洲最后一个废除奴隶制的国家。长期以来，巴西法律在就业和住房等方面偏袒欧洲移民及白人的做法，使其国内的种族等级制度得到维系，并产生了深远的影响。

巴西为我们思考种族主义对现实世界的巨大影响提供了一个重要的落点。人类学家已经阐明，包括种族在内的所有事物都是由社会和文化建构而来的。西欧人提出了种族分类计划，人为地对种族进行划分，并倡导某些种族优越而某些种族低劣的观点。这一分类框架的发展与欧洲在15世纪的殖民扩张相吻合。当欧洲殖民者与非洲、亚洲、美洲和太平洋地区的人们接触时，他们将这些人也纳入了种族、肤色、文化和宗教的等级制度。在此过程中，许多虚构的信仰和文化/行为特征都与“种族”的概念纠缠在一起。文学、媒体和文化实践大力宣扬了生物学种族真实存在的观念，并使之成为广泛讨论的主题。

种族 ▶ 一种并无生物学基础的人为分类系统，它根据身体特征，如肤色、眼形或发质，将人们划分成不同的群体。

种族是虚构的社会结构，而非生物学事实。从遗传学的角度讲，人类只有一个种族。虽然种族分类是人为的，但它成了结构性暴力和社会资源不平等的内核。种族概念的历史框架最终导致了种族主义的产生和持续存在，并使种族这一虚构的社会结构在文化上成为事实。当然，假装种族不存在也是十分危险的，会导致不平等现象长期存在。

时间也是一种社会结构，但它是绝对真实的存在。尽管下午2点作为一种社会建构的产物，与组织和效率的文化信仰密切相关，但这并不意味着，如果你为了对抗时间而错过下午2点的约会，无须承担任何社会后果

关于种族的基本知识

种族是一种虚构的社会结构，而非生物学事实。

种族是一个现代概念，用于辩护军事征服、土地掠夺、奴役、移民控制和种族灭绝政策。

种族没有遗传学基础，也就是说，没有任何遗传特征或基因可以区分一个种族与另一个种族。

种族分类是通过社会和文化定义的，种族的标签及其含义也随着时间的推移而变化。

人类还没有演化出不同的亚种或变种。尽管存在表面差异，但在遗传学上，所有人同属一个人种。

虽然种族并不作为一个生物学概念而存在，但它在文化上是真实的，并且产生了极端的现实后果。

种族与人类学

自人类学创立以来，人类学家就一直在努力解决种族问题。通过遗传学研究，生物人类学家完全否定了种族作为一个生物学概念的观点。尽管有些流行的观点认为存在不同的种族，但人类有超过99.9%的DNA是相同的。唯一的例外是同卵双胞胎，他们的DNA百分之百相同！人类之所以在基因上如此相似，原因在于我们是相对较晚出现的物种：智人直到20万年前才出现在东非。

眼内眦赘皮

将眼内眦赘皮视为明显的“亚洲人”特征是不正确的，因为这样的眼形在斯堪的纳维亚半岛、东欧、南欧以及美国的印第安人中也很常见。通过这类特征来识别种族是不可靠的。人类学家已经证实，气候因素（包括强烈的紫外线、寒冷的天气和灰尘等）是眼内眦赘皮形成的原因。

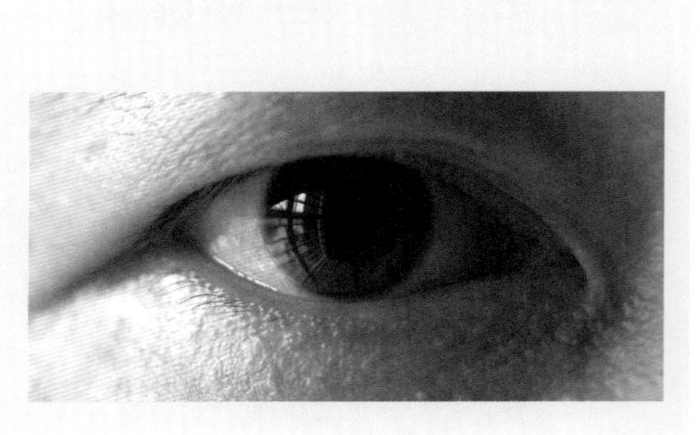

巴西摄影师、艺术家安吉丽卡·达斯以色轮的形式创作了肖像照项目——“人类”（Humanæ）。自2012年以来，她已经收录了来自17个国家和27个城市的4 000多张肖像照，旨在鼓励更多关于种族、民族和身份的对话

生物人类学家在解释人类的生理多样性时对两个概念进行了区分：

1. 基因型——可遗传的基因，由父母传给他们的孩子，含有身体特征的编码。

2. 表型——基因在个体中受到基因型与环境因素的相互作用而表现出的、可观察的身体特征。

基因型与表型

认为肤色等表型与人的身体、道德水平、个性等有关的观点存在严重的缺陷。然而，这种观念根深蒂固。你可能对许多基于表型的刻板印象并不陌生，例如，“白人不擅长跳跃”、“黑人更擅长跑步”或“亚洲人更擅长跳舞”。

我们现在了解到，影响肤色、发质或眼形的基因与其他任何基因都没有关联，也不能预测一个人的基因型。每个人的智力、艺术或运动能力等特征都是由数千个基因与环境因素共同作用的结果，而这些因素都与肤色等生理特征无关。

影响肤色的因素

人类需要阳光，也需要保护自己不被阳光晒伤。为了解决这个问题，人类进化出不同的肤色，皮肤中黑色素的多少与紫外线的强度有关。在阳光较少的地区，人体减少黑色素的产生量，以便吸收更多的维生素D与钙。

肤色在地理上是逐渐变化的，在世界各地的人口之间没有明确的界限。多年来，由于人口的迁移和环境的变化，人类的肤色发生了许多变化。

对种族分类法的驳斥

并不存在支持“种族特征”

生物人类学家发现，“种族”不具有独特的遗传特征。如果种族的分类是基于生物学的，那么基于血型、眼形、发质、乳糖不耐受或其他被误认作“种族特征”的分析也必须能够反映种族的分类。但是，遗传特征是彼此独立的。这意味着肤色与血型或乳糖不耐受等特征并没有相关性。生物人类学家通过分析某些遗传特征来研究人类的生物学变异，研究这些特征的起源与演变，特别是为什么某些遗传特征在特定人群中更常见。

镰状细胞贫血

镰状细胞贫血常被误认为是一种非洲人和黑人的疾病。事实上，导致这种疾病的基因在恶性疟疾菌株肆虐地区的人群中更普遍，包括非洲的部分地区、地中海地区、中东和印度。实际上，人类演化产生这种基因突变，是为了应对当地的地理环境，保护自己免受疟疾的侵害。镰状细胞贫血与肤色无关。只携带一个导致镰状细胞贫血的基因突变副本的人，基本上不会表现出该病的相关症状，而从父母那里继承了两个突变基因副本的人则会患上这种血液病。

乳糖不耐受

乳糖不耐受是另一种被误认为与种族有关的综合征。乳糖是一种天然存在于乳制品中的糖，乳糖酶可以将乳糖分解成两种容易被人体消化的单糖。人类通常在婴儿期过后就不再产生乳糖酶。世界上约有75%的人口不能自然消化牛奶和乳制品，他们被称为乳糖不耐受者。有些人在成年后仍能产生乳糖酶，这是因为他们生活在有驯养家畜历史的地区，如欧洲、中东、印度北部和东非，他们的基因发生了突变，能够继续产生乳糖酶。

种族和运动能力

种族和运动能力

人们经常以运动能力为例来证明人类种族之间存在生物学差异。媒体报道经常暗示，基因差异使得特定种族的人在体育运动中表现更出色。例如，在美国职业篮球联赛（NBA）、美国国家橄榄球联盟（NFL）和奥运会短跑比赛中，大量的非洲裔美国选手经常被描述为具有特殊身体素质的群体，独特的基因、骨骼结构和（或）肌肉使他们在运动方面比其他种族的人更具优势。

在《禁忌：为什么黑人运动员主宰了体育赛事》中，体育记者约翰·恩廷认为，残酷的跨大西洋的奴隶贸易和美洲奴隶制使得非洲裔美国人比大部分人更快、更强壮，也更有耐力。据称，这些特征在非洲裔美国人的后代身上得到了延续，赋予了他们出色的运动能力。

尽管这些观点广为流传，但认为黑人天生就是体坛霸主的观点仍然是一种迷思。篮球和橄榄球等运动推动了城市的低收入少数族裔居民向上流动，获得了受教育和就业的机会。社会对青少年参与特定运动的支持、文化亲和力、对特定体育运动的偏好等，所有这些因素都在将某个种族群体集中于某些体育运动领域发挥着关键作用。

“白人不擅长跳跃”的谬论源于少数美国职业篮球白人球员，然而，在国际跳高比赛中，无论男子还是女子比赛的奖牌都被来自欧洲和美国的白人运动员包揽，却没有人把他们的成绩归功于所谓的“白人基因”。很少有人能像非洲裔美国人一样，因为体型和体能优势而在社会上被认定为“白人”。

你认为某些运动在种族/族群、性别和社会阶层方面有哪些社会动态？

事实上，篮球长期以来都是一项与城市内部环境相关的运动，在美国，这一环境曾经被工人阶级和低收入的犹太裔球员主宰。在20世纪30年代前后，犹太移民主要居住在纽约、芝加哥和费城的市区，篮球构成了其社区社会结构的重要部分。当时，犹太裔球员在篮球运动中的优势地位也得到了生物学上的解释，即“聪明的犹太文化”、“巧妙躲避”和“诡计多端”的天性。但是，到了20世纪90年代，非洲裔美国人几乎占美国职业篮球球员的90%，这种现象再次引发了误导性的谣言，即宣扬某个种族在篮球方面拥有与生俱来的运动技能。不过，这种情况后来再次发生了改变，因为来自东欧的球员现在几乎占了20%。由于篮球运动在全球范围内的普及，美国开始失去其国际主导地位，而其他一些国家正在迎头赶上。

种族问题的危险之处是，人们有时认为种族差异可以是一种优势。如果你说某人是一位伟大的运动员，这当然是一种赞美。或者，如果你说“亚洲人擅长数学或科学”，同样会被视为一种赞美。这有什么错呢？错就错在，它认为人类

在本质上是不同的。这种观念又与充满多样性和共同性的人类生物学现实相矛盾。

基于眼睛颜色的种族?

从遗传学的角度讲，以一个人的肤色作为建构种族的主要变量，是一种非常武断的做法。原因在于，许多其他的基因组合产生的表型差异也可以用于同样的目的，如鼻形、身高、体重、耳垂形状或指纹。1968年4月5日，也就是马丁·路德·金被暗杀的第二天，美国艾奥瓦州北部的一名三年级教师简·艾略特为了让她的白人学生了解种族偏见，把他们按照眼睛的颜色进行了划分，并告诉他们棕色眼睛的人比蓝色眼睛的人更聪明。接下来，棕色眼睛的学生先被带去吃午饭并得到更长的午休时间，他们可以喝直饮水，而蓝色眼睛的学生只能用纸杯喝水。一段时间过后，艾略特发现，棕色眼睛的孩子变得更加自信和傲慢，而蓝色眼睛的孩子变得害羞、沮丧并经常在课堂上犯错。这两组孩子不再一起玩耍，争吵和裂痕随之出现。

眼睛的颜色

通过这项实验，艾略特指出人们并不是生来就有偏见，而是后天习得了偏见。艾略特还认为这些偏见是可以消除的，于是在接下来的一周里她进行了反向实验。她告诉蓝色眼睛的学生他们更聪明，并给予其特权。但这一次，艾略特注意到蓝色眼睛的学生并未表现出与棕色眼睛学生一样的傲慢举止。

想象一下，基于眼睛的颜色建立的种族等级制度竟然可以影响资源和权力的分配。同样地，基于肤色建立的种族等级制度肯定也是荒谬的。艾略特的蓝/棕色眼睛实验至今仍被广泛引用，被视为一种挑战外表和基因型之间相关性的有效方法。

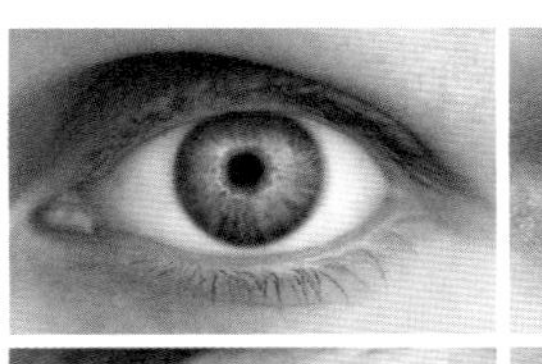
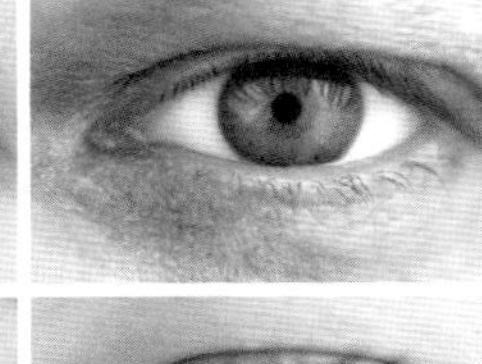
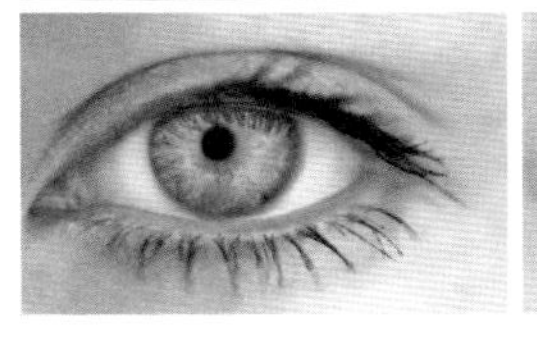
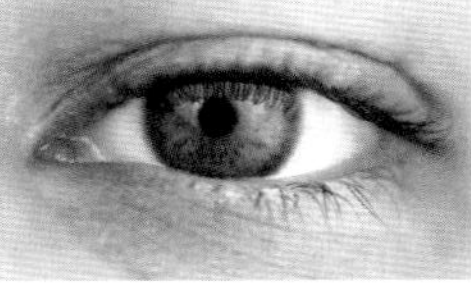

眼睛的不同颜色

区分种族与族群

种族和族群经常被用作同义词，二者也确有重叠之处——基于共同的祖先和文化特征。然而，种族是一种没有生物学基础的人为分类系统，它根据身体特征将人类分成不同的群体。而族群是一种建立在共同的历史、文化和祖先基础上的身份认同。种族强调人们外在的生理特征，族群则与人们的传统习俗、语言和文化有关。

定义一个族群的文化特征包括语言、宗教、食物、习俗、传统和地理区域等。作为某个族群的成员，人们往往会产生一种归属感和认同感。

族群也是在特定的社会条件下建构出的一种身份。族群不是一成不变的，而是随着时间和地点的变化而变化，且会被重新建构。这个过程被人类学家称为族群身份的形成，它通常指对不断变化的社会环境做出的反应。该过程产生了许多新的族群身份，如印第安人、非洲裔美国人和意大利裔美国人。

世界各地的种族建构

种族与族群

种族建构的概念是由人类创造的，并且已经变得极度内化，以至于人们感觉种族的存在是一件自然的事情。人类学家通过观察世界各地的种族和种族主义，来揭示这些概念是如何以不同的方式发展，又是如何以个人和集体行动的形式受到挑战的。

种族与殖民主义

殖民主义的影响

从历史上看，当代的种族和种族主义观念源于15世纪以来西欧人在殖民扩张浪潮中创造的种族分类体系。欧洲的全球经济活动以殖民主义实践为中心，将军事、政治和经济力量扩展到世界各地，以获得经济利益、自然资源和廉价劳动力，并加强其在全球经济发展中的地位。但是，殖民主义的手段不仅是武力征服，还包括各种形式的心理奴役。欧洲殖民主义者根据生理特征，尤其是肤色，将人们划分为不同的种族等级，并将自己置于最高等级。这种虚构的框架错误地将人们的外表与他们的智力、体力和价值联系起来，以达到为殖民统治、跨大西洋奴隶贸易和原住民人口的灭绝辩护的目的。

历史学家芭芭拉 · 菲尔兹（1947年至今）和社会学家凯伦 · 菲尔兹（1945年至今）用“racecraft”一词指代人们对种族的一种错觉，这种错觉是为了提升权力等级而产生的。一些人使用“种族化”、“种族项目”或“种族形成”等术语来表明“种族”不是虚构或固定的。从这些角度出发，人类学家研究了种族化在世界各地的不同表现形式。随着民族解放运动的开展，种族主义制度也发生了重大变化。世界各地的民权运动对长期存在的种族歧视问题进行了反击。通过观察不同文化和地区关于种族概念的不同表达方式，我们可以更好地理解种族是如何被建构的。

巴西的种族建构

巴西的种族建构对于我们思考种族观念如何导致社会分层的问题非常重要。巴西建立现代民族国家是欧洲殖民主义的结果。葡萄牙依靠由大西洋奴隶贸易带来的非洲人在巴西建立了种植园，1888年奴隶制废除后，巴西接收了来自世界各地的大量移民。在巴西，种族被视为肤色连续体的一部分，远超“黑人”这一范畴。除了“黑”和“白”，那里有数百个基于肤色的种族术语：

纯白	浅白
米白	脏白
粉白	肉桂色
焦黄	黑
白	浅黑

这些分类并不严格，在不同的地区也有所不同。一个人可能被归为某个类型，又被归为另一个类型，而一个家庭中的成员可能被归为互不相同的类型。

人们通常认为，这种流动的种族结构与不同肤色的人之间友好的社会关系有关。事实上，巴西经常标榜自己是一个种族民主的国家，不像其他国家那样长期存在种族歧视。尽管表面上人人平等，但许多巴西人仍强调，这只是一个用来掩盖与肤色有关的巨大不平等的隐性过程。

种族混合

巴西的欧洲裔、非洲裔和原住民人口有很长的融合历史。当巴西废除奴隶制时，黑人的数量远远超过白人，由于主要是与葡萄牙男性定居者相融合，因此，许多人被描述为“混血”。葡萄牙殖民政府非但不禁止异族通婚或跨种族婚姻，还提倡同化。人们普遍认为，他们这样做的目的是使人口变“白”。许多单身的葡萄牙男性与当地的女性原住民和非洲裔女性发生性关系，她们中有的是自愿的，有的是被迫的。巴西没有像美国那样采取“一滴血”原则，这意味着只要有一个黑人祖辈就可以将一个人归类为黑人。因此，巴西的同一个家庭里可能有棕色、白色和黑色皮肤的孩子。

奴隶制废除后，葡萄牙白人和非洲移民之间仍然存在着巨大的差距，非洲移民几乎没有受过教育，也没有土地或资产。政府还号召贫穷的欧洲白人移民到巴西，作为该国新的劳动力资源。于是，数百万的意大利和德国工人得到了航行补贴，获得了公民身份、土地和其他福利。然而，巴西却对非洲移民关闭了国门。与此同时，几乎全是白人的精英阶层宣布巴西是后种族主义国家。在此背景下，因废除奴隶制而巩固的权力和财富分配问题没有得到解决，国家也没有将广阔的种植园分配给在那片土地上居住和劳作的人们。在里约热内卢，曾经的种植园奴隶因为缺乏在城市中生活的能力，不得不住在城市边缘简陋的住所里，当地的贫民窟由此而来。

里约热内卢是巴西人口第二密集的城市，也是各种族人民的聚居地

尽管巴西的经济已经达到了与俄罗斯、印度和中国并称为“金砖四国”的水平，但这里的黑人和混血的收入远低于白人。大多数领域

的管理职位，如政治、教育、媒体和军队，都由白人或混血担任。在巴西，种族与阶级紧密相连，共同决定了一个人的社会地位。就像巴西的一句俗语所说，“钱能使人变白。”如果你有较深的肤色或其他种族特征，就可以通过获得高薪职位来提高你的社会地位并被视为拥有较浅肤色的人。这就是巴西的“肤色统治”。

肤色统治

近年来，非洲裔巴西人的激进主义运动急剧增加，部分原因是受到巴西民权活动家的启发。这些运动在教育和就业方面推动了大量的平权政策的实施，增加了非洲裔巴西人在专业领域的从业人数。但在像巴西这样的国家——43%的人被认定为混血，30%的人被认定为拥有黑人祖先的白人——谁被认定为肤色“足够黑”的人，由谁来认定，以及使用什么样的标准，这些都是复杂和不明确的。

熙熙攘攘的现代化日本，大城市繁华的景象掩盖了个体间仍然存在的偏见

日本的种族建构

日本是一个没有奴隶贸易历史的国家，它以完全不同的方式完成了种族建构。虽然日本经常被视为历史上同质化和孤立的国家，但它的社会相当多样化。来自韩国、中国、印度和巴西的移民都参与了日本社会的构建。然而，种族和族群优越感及分裂主义观念在日本国民的意识中根深蒂固。

1639年，日本德川幕府实施了孤立主义的外交政策

（锁国政策）。自此，日本与世界上的其他国家隔绝了200多年，外交关系和对外贸易严重受创。外国公民禁止进入日本，日本人也禁止离境。这一政策的目的是为了维持德川幕府在日本的霸权，避免日本民众受到欧洲殖民主义和宗教的影响。在这样的政策背景下，日本发展出了非常狭隘的价值观。

即使在1853年日本与世界其他国家重新建立联系之后，日本人也仍然认为自己的国家是一个单一种族的国家。

日本的部落民

自封建孤立主义时代以来，日本人口中有一个群体一直饱受污名化的摧残，这凸显了种族分类的随意性。这就是部落民，日本的“贱民”阶层，他们最初被称为“污秽者”，专指从事不洁或肮脏职业的人，如屠宰场工人、屠夫、环卫工人、垃圾清洁工和殡葬工作者。曾几何时，他们被迫与社会隔离，生活在类似贫民窟的地方，衣服上佩戴表明其身份的标志，并禁止与平民结婚。

尽管部落民制度于1871年被废除，但这些形式的歧视在日本社会仍然存在，特别是在婚姻和就业方面。日本户籍制详细记载了各个家庭的历史，包括其部落民先辈的信息。虽然这些信息原则上是保密的，但人们发现，未来的雇主和姻亲在雇用员工或允许结亲之前，都能得知这些信息。绝大多数部落民的后代都从事低薪的体力劳动，收入只有日本中等家庭收入的60%。部落民解放联盟为此进行了艰苦的斗争，致力于为部落民后代争取更多的权利和机会。

种族主义与特权

基于文化建构的种族观念以种族主义的形式被用于创造并维持权力及统治体系。种族主义依据种族分类将人们置于从优到劣的等级制度中，从而对资源、权力、特权和机会进行差异化分配。

关于种族的一些定义

个人种族主义——基于假定的种族歧视而对一个人的能力产生的偏见，可以通过各种直接的形式来表现，也可以通过隐蔽的手段进行攻击，比如散播一个人的负面信息。

制度化或结构化种族主义——根深蒂固的种族主义模式，涉及医疗保健、教育、就业、住房、司法、政治和媒体等领域。这些政策和做法，无论有意或无意，都会基于种族主义而产生有利或不利的结果。在美国，反映制度性种族主义的有力例子存在于教育系统中，例如有色人种学生受到惩罚的概率高于白人学生。

种族意识形态——关于人们应该如何行动、思考且令歧视性行为显得自然合理的意识和信念。这些优越感或自卑感在整个社会中得到加强，致使种族歧视问题继续存在。

交叉性——可以帮助我们理解歧视是如何在不同权力体系的基础上同时发生的，如种族、性别和阶级。女权主义法律学者金伯利·克伦肖于1959年提出“交叉性”这个术语，用来描述一个黑人女性受到歧视的案件。这个案件中的主人公不只是一个黑人，也不只是一个女性，而是一个黑人女性。交叉性描述了这些多重身份是如何通过歧视或特权的形式在人们的生活中相互碰撞的。

白人特权

标记与未标记的类别

关于种族和种族主义的讨论绝大多数都集中在有色人种身上，而白人常常置身事外。这说明，在西方国家，白人是一个未标记的类别。长期以来，白人一直作为一种无形的规范发挥着作用，而“有色人种”这个词占据了与白人不同的位置。

未标记的类别 ▶ 该类别在特定的环境中被视为正常的存在，以至于不被人们注意到。在社会期望方面，未标记的类别是默认设置，处于主导地位。

在经典文章《白人特权：打开无形的背包》（1989）中，人类学家佩吉·麦金托什（1934年至今）列举了白人在日常生活中体验到的50种隐性福利，这些都是制度系统偏向白人的例子。种族歧视的历史导致了这种"无形资产组合"的出现。

14. 我可以保护我的孩子在大部分时间里不被那些不喜欢他们的人骚扰。

17. 我可以边吃东西边侃侃而谈，而别人不会把我的这种行为举止归因于我的肤色。

20. 我可以在富有挑战性的状况下做得很好，而别人不会把我的这种成功归因于我的种族。

21. 我从未被要求代表我的种族发言。

41. 我可以肯定，在我需要法律或医疗帮助时，我的种族不会对我不利。

研究种族与种族主义的学者：

弗朗茨·博厄斯

W. E. B. 杜波依斯

金伯利·克伦肖

佩吉·麦金托什

人们普遍认为，种族是一种没有生物学基础的社会结构。但最近，一些人类学家认为，这些社会建构确实对生物学有极大的影响。例如，如果某个人被归类为“黑人”，他就更有可能生活在医疗和营养条件不佳的环境中。种族主义对人的健康状况有显著的影响，因此，尽管肤色相近的人在生物学上没有什么联系，但生物学与社会环境有一定的关联。

全球化和激进主义

随着民族解放运动的进行，种族主义的体系也发生了重大变化。世界各地的民权和社会正义活动都对长期存在的种族歧视进行了反击。

全球性力量的联合

乔治·弗洛伊德被杀事件引发的抗议活动在全世界得到了响应，数十万人举行了声援抗议活动。在这一势头下，其他地区的种族等级制度也受到了挑战。美国的黑人社会运动（如“黑人的命也是命”）为世界各地的人们反对基于肤色的政治和文化不平等提供了重要的实践框架。人们可以利用这些框架挑战种族主义，并形成集体身份。2020年，英国布里斯托尔发生了翻天覆地的变化，奴隶贩子爱德华·科尔斯顿的雕像被推倒。科尔斯顿曾任加勒比海地区的副总督，将数万非洲人运往加勒比海地区，正是这些得到国家认可的奴隶贸易及充满暴力和歧视的历史导致了弗洛伊德的死亡。近年来引人注目的民权斗争致力于在全球范围内帮助人们反对种族压迫。比如，由于拉丁美洲国家的建国历史与政策，关于种族和种族主义的讨论一直进展缓慢。“黑人的命也是命”运动引发了许多拉丁美洲人的共鸣，帮助他们获得了更多的认可，并在立法方面取得了重要进展。

在全球互联互通的时代，社交媒体和流行文化在被剥夺权利的少数民族群体中传播信息方面起到了关键作用，这些新媒体也有助于人们跨越地域的界限建立网络。与此同时，社交媒体与“黑人的命也是命”等运动结合在一起。

人类学强调脱离开社会建构的种族和族群分类进行思考。然而，虽然种族和族群是社会建构的产物，而非不证自明的生物学分类，但它们却成了歧视、偏见和排斥的基础，而且持续至今。人类学为我们提供了一套强大的理论和方法，去揭开这些权力结构的面纱，并挑战世界上的诸多不公正现象。

在韩国首尔举行的“黑人的命也是命”抗议活动

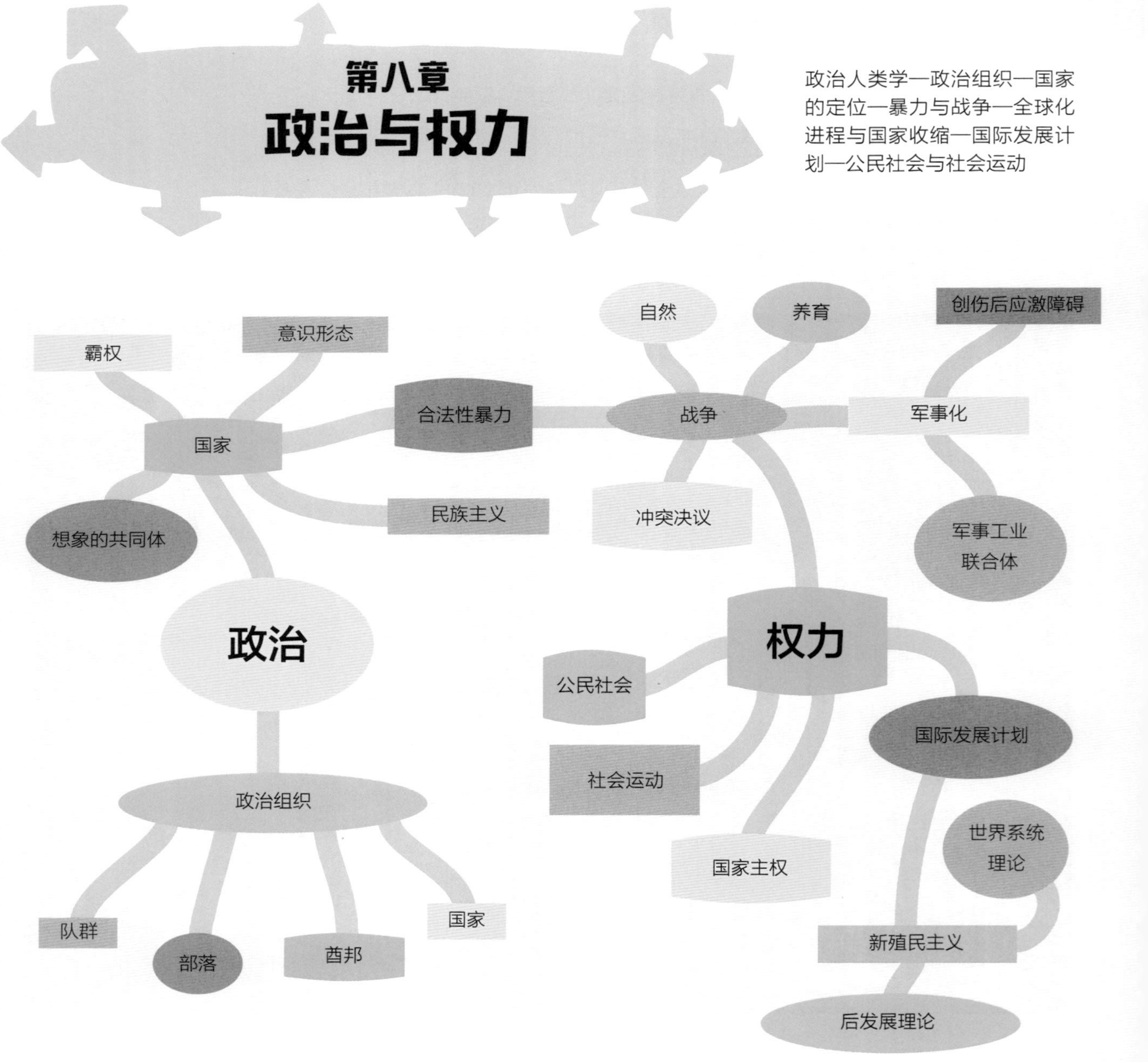
第八章
政治与权力
政治人类学—政治组织—国家的定位—暴力与战争—全球化进程与国家收缩—国际发展计划—公民社会与社会运动
霸权
意识形态
国家
合法性暴力
民族主义
想象的共同体
政治
政治组织
队群
部落
酋邦
国家
自然
养育
战争
冲突决议
创伤后应激障碍
军事化
军事工业
联合体
权力
公民社会
社会运动
国家主权
国际发展计划
世界系统
理论
新殖民主义
后发展理论

政治人类学

世界上所有文化都有一个共同点，那就是社会管控以某种方式施加在其成员身上。有些社会（如大多数西方社会）拥有中央集权的政治权威，提供法律和秩序。有些小型觅食社会（如卡拉哈里的狩猎采集者）通过群体共识和非正式的社会控制做出决策，以维持群体结构。政治人类学家的研究对象就是这些对人类生活至关重要的合作、冲突和权力的普遍体系。他们也考虑政府之外的行动者或非国家行动者通过个人和集体行动行使政治权力的能力。

非洲的政治制度

梅耶·福特斯和E. E. 埃文斯–普里查德的开创性著作《非洲政治体系》（1940）开启了政治人类学的大门。这本书汇集了一些案例研究，探索了当时非洲部落社会的政治，当时围绕着“原始性”和殖民背景下小规模社会明显缺乏组织性的高度种族中心主义观点相当流行。福特斯和埃文斯–普里查德驳斥了这些假设，指出非洲部落社会并非没有结构或规则，也不能被认为是“落后”的。不过，这本书确实遭到了批评，因为它忽视了殖民主义更广泛的政治背景，尽管殖民统治结构在该地区产生了巨大的影响。不过，在随后的几十年里，这本书在人类学领域仍然具有很大的影响力。

无政府角色

政治人类学植根于摩尔根和梅因等早期人类学家的文化进化研究，就像前文中讨论的那样，他们试图追溯人类从“野蛮”到“高级”的进化过程。“先进”指的是西方社会，非工业社会则被视为理解“原始”政治组织形式的关键。大多数维多利亚时代的人类学家都把研究重点放在小型无政府社会的政治和权力上，比如狩猎采集社会和游牧社会。驱动这类研究的是人类学家对所谓的“未被触碰的”非西方乡村环境的兴趣，但也受到殖民当局的影响（通常是财政支持）。于是，一些人类学家在殖民背景下开展研究，为殖民者提供他们控制之下的社会的相关信息。

“未被触碰的”社会

20世纪60年代，人类学家开始将他们的目光投向全球舞台，研究当地的村庄环境和更大背景之间的联系。一些人类学家对殖民主义和全球化的影响提出了严厉批评。国家、官僚机构和市场都被纳入了他们对当地居民的民族志描述和分析，这与当时发生的重大事件有关。殖民地的独立和民权运动开始席卷全球，促使人类学家不得不考虑当地的现象与更广泛的社会、经济和政治结构之间的联系。

政治组织

政治体系的分类

美国文化人类学家埃尔曼·瑟维斯（1915—1996）开发了一种颇具影响力的政治体系分类：队群、部落、酋邦和国家。瑟维斯认为，简单和非一体化的政治体系在进化过程中会向着有强大领导组织的复杂政治体系过渡。人类学家批评这种分类过于简单化，未能捕捉到政治实践的多样性和复杂性。队群、部落和酋邦并不像瑟维斯描述的那样是孤立或静态的。迁徙、相遇、交流和变化是所有人类群体的共同特征，无论群体规模有多小，这些都贯穿了我们的历史进程。瑟维斯的框架也有落入有问题的进化假设圈套的危险，即看起来不那么复杂的政治组织被默认为不那么文明或有效的。尽管如此，它仍然推动了大量关于国家起源、组织体系及人类政治和社会行为的研究。

这些组织结构安排的关键在于适应环境。人类创造性地构建社会和政治体系，去满足环境的要求。在《传统密克罗尼西亚社会》（2009）一书中，人类学家格伦·彼得森描述了南太平洋岛民为了适应极其多变的天气模式（如风暴和干旱），是如何调整他们的组织结构的。部落成员分散在多个遥远的岛屿上，在灾难发生时互相提供帮助。密克罗尼西亚人在需要重建家园和恢复农业生产时，依靠的就是其扩大的亲属网。

队群——最小的社会单位，常见于狩猎采集社会。一般来说，这类社会是以亲属关系为基础的，由少数家庭组成。根据狩猎模式及其他社会环境因素的不同，队群的成员数量从30人到几百人不等。这些小而紧凑的社会没有永久的政治结构。成员通常根据手头的任务共同协商做出决策，他们高度重视合作和平等。有人认为，队群是最早的人类社会组织形式。

部落——围绕村庄或具有共同的语言和文化特征的亲属模式组织起来的更大、更稳定的群体。随着人类从觅食社会进入农业社会，部落开始出现。就像队群一样，部落在很大程度上是平等的，也许有首领，但首领的权力一般是有限的。部落社会现在非常少见，通常是原住民或少数民族群体，他们居住在远离中央权威的地方。

酋邦——由分布在多个村庄或社区的数千人组成的大型政治组织，通常由扩展的亲属网构成。有的酋邦是集中控制，通常有一个首领；有的是联合控制的，有一个议事会。酋邦领导权是世袭的，通过亲属关系传承。其成员获取权力和资源的途径往往取决于等级关系。

国家——最大和最正式的政治组织类型，包括区域经济、政治和军事治理结构。各国都有一个中央政府，拥有使用法律和武力来维持秩序和保卫领土的权力。国家通常设有相当大的官僚机构和专职人员来管理社会、政治和经济活动，这包括司法、税收、劳务、治安和国防。人类学家把国家的崛起与农业的发展联系在一起，国家起源于今天的伊拉克、印度和中国等地。

一些国家早在5 000多年前的美索不达米亚和古埃及就产生了。然而，纵观人类历史，则是政治权力不太集中的组织形式，如队群和部落，占据了主导地位

现代民族国家体系或“威斯特伐利亚体系”的兴起与《威斯特伐利亚和约》（1648）有关，该条约将欧洲那些联系松散的帝国、王国和联邦划分为主权实体。在殖民主义时期，欧洲殖民者重新划定了世界上的许多政治边界，以满足他们的经济需求。这推动了跨越地理区域的国家的建立，它们以前是靠不同的亲属关系、政治和经济线串联起来的。在某些情况下，这种做法引发了原住民群体之间的暴力冲突，部分原因在于资源的开采、土地被剥夺和强制建立种族间联盟彻底改变了人们的生活，他们被迫接近和相互交往。

我们今天熟悉的大多数国家在第二次世界大战之前并不存在。战后有些以帝国的形式出现，有些则被分割成更小的国家，人口也被迁移或重新安置。大多数国家最终在20世纪六七十年代摆脱殖民统治并获得独立。现在，世界上有190多个独立主权国家。

国家的定位

定义国家

政治人类学家的主要贡献之一是研究“国家”的构成。尽管人们通常认为国家是固定的、连贯的，但人类学家已经证明，国家并不是一个定义明确的机构。用福柯的话说，“国家是一种实践，而不是一种事物。”日常的微观政治是由各种各样的参与者、机构、实践和意识形态支撑的。公民保有国家的行政权力，并通过警察力量、司法机构、税务机关和其他形式的日常监管赋予国家合法性。国家的权力通过家庭、学校、工作场所和医院等机构具体体现，公民个体由此受到国家的管制。

人类学家利用这种建构主义的观点，将国家定位成“一个全球化背景下的多层次、矛盾的、跨地方性的机构、实践和人群”的整体。以福柯式的治理框架为例，人类学家研究了在不使用武力威胁的情况下，国家权力是如何在民众中构建统一性以维系国家的：这就是政治学家安东尼奥·葛兰西（1891—1937）提出的“霸权”概念。霸权形式的权力具有监督群体成员进行自我约束的功能，那些违反法律或文化规范的人通常会受到质疑和惩罚。

霸权

如何将国家具体化？

人类学家肯尼斯·J. 格斯特在2019年列出了人们在日常生活中遇到的不同形式的国家监管，比如在食物、环境和社会生活方面。这些监管形式不仅展示了国家是如何变得真实的，也展示了个人是如何维护并赋予国家一部分合法性的。

食物

想一想，国家是如何监管我们消费的食物的？你会在食物上发现什么标签？国家对特定的添加剂是如何监管的？为什么有些食物会比其他食物更受欢迎，并被摆上超市货架？国家是如何监管餐馆的？国家在废弃物处理、堆肥和回收方面承担什么责任？

营养成分表

每盒8份	
每份含量	55 g
每份含量	
热量	230
占每日推荐摄入量的百分比	
12%	脂肪 8 g
5%	饱合脂肪 1 g
	反式脂肪 0 g
0%	胆固醇 10 mg
7%	钠 160 mg
12%	碳水化合物 37 g
14%	膳食纤维 4 g
	糖 1 g
	添加糖 0 g
	蛋白质 3 g
10%	维生素D 2 mcg
20%	钙 260 mg
45%	铁 8 mg
5%	钾 235 mg

环境

国家监管如何影响你与周围环境的互动？想一想国家在空气质量、饮水卫生、碳排放、污水处理和杀虫剂的使用等方面都做了什么？你接触自然界的途径是什么？它是通过公园和限定的空间来规范的吗？道路、交通灯和停止标志是如何调节你的体验的？

社会生活

国家是如何规范和塑造你的社会生活的？在你的人生中，你遇到过什么法规，比如对开车、喝酒、性行为和结婚年龄的限制？

意识形态

意识形态是国家权力中无形但非常强大的一面，致力于在社会中构建个人或群体的行为规范。意识形态往往通过仪式、媒介宣传、宗教传统、精神信仰、教育机构等文化和制度形式来表现。这些都是为了赋予国家权力以合法性，可以说，这是国家治理的必要条件。

合法性 ▶ 表明某种统治权力是合理有效的。这种对统治权力的辩护基于不同的原则，如世袭信仰及皇帝和君主援引神权来统治国家的超自然信仰。

合法性暴力与国家

根据德国社会学家马克斯·韦伯（1864—1920）的观点，国家至关重要的一个方面是垄断武力的使用权，以维护其合法性和权威性。具体表现为：在司法系统、警察队伍、税收部门和其他监管体系中增强行政权力来实现公民的合作，并平息反抗。这些目标也可以通过监管、意识形态传播和纪律实践来实现，这些手段在“可接受的”和“不可接受的”行为之间构建了坚固的界限。因为国家垄断了武力的使用权，它的威权是合法的。

韦伯提出了一种合法性类型学，包括：（1）通过继承或任命传递的传统威权，如君主政体，其威权因为历史传统而被证明是合法的；（2）基于领导者魅力的合法性，即领导者被认定为善良的、值得跟随的；（3）法理威权，它是一种程序化的权力，通过依法制定的规则、规章和设立的官僚机构使权力合法化。最后一种合法性是基于公众对这些制度性程序的信任建立起来的，并在当今的大多数社会中占据主导地位。

想一下，警察力量是如何凌驾于公民之上的。这通常被视为合法的武力使用权的垄断，但当人们质疑其威权的合法性时，就会遇到阻力

想象的共同体

国家权力也会通过激发强烈的民族主义情绪来维持。这是领导者用于在群体内达成一致意见的一种强有力的方式，无须使用武力就能达成统治目的。人类学研究表明，尽管有些假设认为民族有着悠久的历史，但事实上大多数民族都发明于近代，许多传统也发明于近代。

民族/民族国家 ▶ 一个有领土界限的政治实体，其成员认为他们拥有共同的历史、文化、语言和（或）命运。

民族主义 ▶ 对自己国家的认同和奉献，有时会不顾其他国家的利益。

传统的发明

历史学家埃里克·霍布斯鲍姆（1917—2012）和特伦斯·兰杰（1929—2015）提出了“传统的发明”概念，它对人类学中关于国家和霸权的思考来说至关重要。他们认为，许多声称有着深厚历史渊源的“传统”实际上是近代才有的，是出于统一意识形态的目的而有意构建的。从真实或想象的过去中提取象征符号和仪式实践，并给它们披上古老传统的外衣。这种做法在民族和民族主义的发展过程中尤为突出，在这种发展过程中，旨在激发民族主义情感从而创造出凝聚力和团结感。例如，苏格兰格子裙与高地传统联系在一起，但实际上它是19世纪早期的发明。霍布斯鲍姆和兰杰不是要嘲笑这些传统，而是要强调历史连续性感知对于意识形态的重要性。这使国家统一具有合法性，并使生活在同一片领土上的各个民族拥有共同的身份、历史和意识形态。

暴力与战争

暴力的原因

放眼全球，暴力冲突在人类社会中长期存在。从20世纪60年代起，许多人类学家在后殖民时代背景下开展研究，见证了暴力冲突是如何导致社会分崩离析的。他们试图了解为什么暴力冲突在某些社会中更常见，以及如何预防。自托马斯·霍布斯（1588—1679）以来，哲学家和社会科学家都对人类的暴力冲突是否是自然的问题进行了思考。尤其是，在人类的进化史中，是否存在什么因素在鼓励我们在面对冲突时采取暴力行为。从自然或文化的角度出发，可以归纳出三个关于暴力的论点。

1. 暴力与人类生理因素有关，包括睾酮和DNA。
2. 暴力产生于影响和平主义人性的文化实践。
3. 暴力的产生原因介于以上两种观点之间。人类有天生的暴力倾向，但受到文化信仰系统的控制。或者，人类天生爱好和平，但文化实践诱使我们放弃自己的本性。又或者，两者都是真的！

最终，大多数人类学家都认为，与其他形式的权力一样，暴力也与文化实践和意义有关。而霍布斯认为，暴力是人类本性中不可避免的一部分，许多研究对这一观点提出了挑战。

灵长类动物中的人文主义

那些认为暴力是人类进化史的一部分的人，其论据是具有攻击性的灵长类动物。根据这一论点，攻击性、暴力、竞争跟基因和激素有关，而这些基因和激素在我们的灵长类动物亲戚身上都可以观察到。体质人类学家弗兰斯·德瓦尔（1948年至今）通过对黑猩猩、倭黑猩猩和猕猴的研究，对这一论点进行了检验。他发现，它们的行为直接挑战了这一观点。尽管灵长类动物也会陷入冲突，但它们有很强的和解倾向。这种和解机制已经在灵长类动物中得到确认，其中包括倭黑猩猩，它们表现出低暴力率和高和解率。德瓦尔认为，灵长类动物没有采取暴力行为的内在驱动力，当出现利益冲突时，攻击只是一种选择，与回避或容忍一样。任何攻击性行为的遗传因素都与化解冲突、合作、和解的机制发挥着同等作用。

战争是一种发明吗?

玛格丽特·米德在《战争只是一种发明，并非生物学上的必要》（1940）一文中，对暴力作为人类本能或文化制度的不同论点进行了研究。她列举了多个不诉诸战争解决争端的民族志案例。米德指出，在喜马拉雅山脉的雷布查人和因纽特人中间从未发生过战争；然而，澳大利亚原住民却经常进行争夺土地

灵长类动物天生具有暴力倾向和攻击性吗？生物人类学家并不这样认为

或权力的斗争。米德认为，战争在不同文化中是不同的，这恰恰证明了战争是一种文化发明，而不是普遍的生物学反应。她还认为，战争是自我延续的，一旦一个组织参与战争，其他组织必然会采取行动，否则就将面临毁灭。

在《亚诺玛米战争：政治史》（1995）一书中，人类学家R. 布赖恩 · 弗格森（1951年至今）研究了亚马孙雨林的原住民亚诺玛米人之间的战争，他们因邻近社区之间的暴力冲突而闻名。这种为争夺资源而发生的暴力冲突导致多达一半的男性死亡。以前，争论的焦点在于暴力是亚诺玛米文化的一部分，还是对特定历史事件的反应。弗格森发现，战争并不是亚诺玛米人生存条件的一部分，而是与18世纪以来欧洲人的入侵有关。

暴力是人类的一种本能还是对特定事件的一种反应？

人类学家认为，暴力不是随意的行为，而是经过深思熟虑的政治策略

其他人类学家发现，暴力遵循特定的文化模式，而不是随意的。在不同的文化背景下，暴力概念的多样性高得惊人。在印度，耆那教徒将任何有情众生（包括昆虫）的毁灭视为暴力。然而，在其他社会，如新几内亚高地，导致陌生人受伤的行为不被视为暴力。人类学家这些文化相对论的见解给人以希望，让人们认识到战争只是一种暴力的、过时的发明，可以被富有成效的冲突管理模式所取代。

在情感框架下，暴力通常被解释为无意义的和野蛮的。但大多数人类学家认为，暴力是一种政治工具，而不是非理性的。同样地，种族间暴力冲突也不是人性中不可避免的部分。1992—1995年，在波斯尼亚和黑塞哥维那发生的波斯尼亚内战涉及极端暴力行为。克罗地亚人、穆斯林和塞尔维亚人之间的种族冲突并非不可避免，而是政治领导人为各自的政治利益而导致的。1994年的卢旺达种族大屠杀是比利时殖民者荒诞的种族划分方式的产物，旨在通过制造种族矛盾来巩固其统治。这是一种殖民统治策略，导致种族间长达数十年的暴力大屠杀。

研究暴力冲突的人类学家

弗兰斯·德瓦尔

R. 布赖恩·弗格森

凯瑟琳·卢茨

军事化

全球面临的重大挑战之一是反对军事化。我们生活在一个高度军事化的世界，暴力和战争似乎永恒存在。政治人类学家着眼于文化体系研究，正是在这些文化体系中，战争被发明出来并予以实施。现代战争已经升级为新技术战争，如无人机和洲际导弹。

军事意识形态的构建是军事化的一个主要驱动因素。在2001年出版的《后方：军事城市与20世纪的美国》一书中，人类学家凯瑟琳·卢茨探讨了各国是如何美化战争并制造出一种将军事暴力作为解决方案的信念的。卢茨的论述聚焦于美国北卡罗来纳州的费耶特维尔地区，那里是美国最大的军事基地布拉格堡的所在地。她认为，费耶特维尔–布拉格堡是已在美国发生的稳步军事化进程的缩影。通过观察战争的准备过程和未直接卷入战争的非战斗人员，卢茨展示了美国这个国家是如何通过无休止的战争准备“形成”的。从反核武器战争到反恐战争，美国在不断地寻找新的假想敌，就像乔治·奥威尔的小说《1984》（1949）中虚构的永久交战国。社会和政

假想敌

宣传

治机制，包括税收、宣传、招募和等级优势，为军队的壮大奠定了共识基础。军事的发展也受到经济因素的影响，在费耶特维尔附近，社区的生存依赖于军事预算和军队业务。

军事工业联合体

根深蒂固的工业情结是战争正常化的文化假设的基础。德怀特·艾森豪威尔创造了著名的“军事工业联合体”一词，用来描述军事和国防工业涉及的机构和个人网络，这些机构和个人都在军事化和冲突中拥有既得利益，进而影响了公共政策。在《和平与战争：跨文化视角》(1986) 中，人类学家劳拉·纳德展示了美国如何在肯尼迪政府时期建立了职业战争经济，并以其作为大萧条后刺激经济复苏的一种方式。国防工业从无息贷款和长期合同中获利，军工企业则承诺为民众提供就业机会。与此同时，军国主义也深深扎根于教育机构。1950年以来，打着维护国家安全和民主旗号设立的奖学金和助学金，为大多数社会科学研究提供了财政支持。现在，助长当地暴力冲突和战争乃至全球暴力的政治和经济网络十分广泛。数万亿美元的全球金融网络与毒品、武器、宝石、食品和药品在世界各地的流通纠缠在一起。

美国通过特定的节日和各种形式的宣传来美化军队。想一想，世界各国是如何美化其军事力量和战争的

然而，参与战争和从战场上归来并不是什么浪漫的事。对许多曾在冲突地区服役的军人来说，退伍后重新适应平民生活是一项很大的挑战。有些人因为受到创伤性事件的影响而产生了心理问题。医学人类学家艾琳·芬利在《战地》（2012）中描述了当代美国退伍军人的生活经历。芬利在得克萨斯州圣安东尼奥市进行了一项为期20个月的民族志田野调查，共计招募了133名参与者，旨在了解参加过阿富汗战争和伊拉克战争的士兵面临的生活困难。促使芬利的研究对象入伍的因素有很多，包括荣誉、勇气和对美好未来的向往。然而，许多人在前线遭遇了极端创伤，导致他们退伍后出现了酗酒、药物滥用、失眠、感情失败和自杀等问题，最终被诊断为创伤后应激障碍（PTSD）。

人类学家质疑创伤文化是否普遍存在

创伤后应激障碍

有些人类学家已经注意到了战争对直接相关人员的破坏性影响，这种影响通常表现为创伤后应激障碍。然而，也有些人类学家对进行跨文化比较研究持谨慎态度，因为这种比较研究将源自西方的创伤文化置于不同地区，去解释各种类型的痛苦。创伤可能导致严重的心理问题，也可能引发不良疾病行为，进而将人类的痛苦转化为需要医学“专家”“解决”的问题。但是，这可能会弱化其他应对心理健康挑战的做法，如第五章中描述的其他可供选择的临床实践。

娃娃兵

两个男孩加入塞拉利昂军队，准备上前线与革命联合阵线（RUF）的叛军作战

重返社会的冲突

儿童作为受害者和目击者，以及战时暴行的执行者，在冲突中扮演了重要角色。在塞拉利昂，1991—2002年发生的残酷内战摧毁了这个国家750万公民的生活。其间，约有50 000人被杀害，200万人流离失所。10 000名儿童被征募入伍，8~14岁的娃娃兵几乎占革命联合阵线士兵的一半，占政府武装部队士兵的1/4。这些娃娃兵被煽动实施谋杀、肢解、强奸等暴力行动。

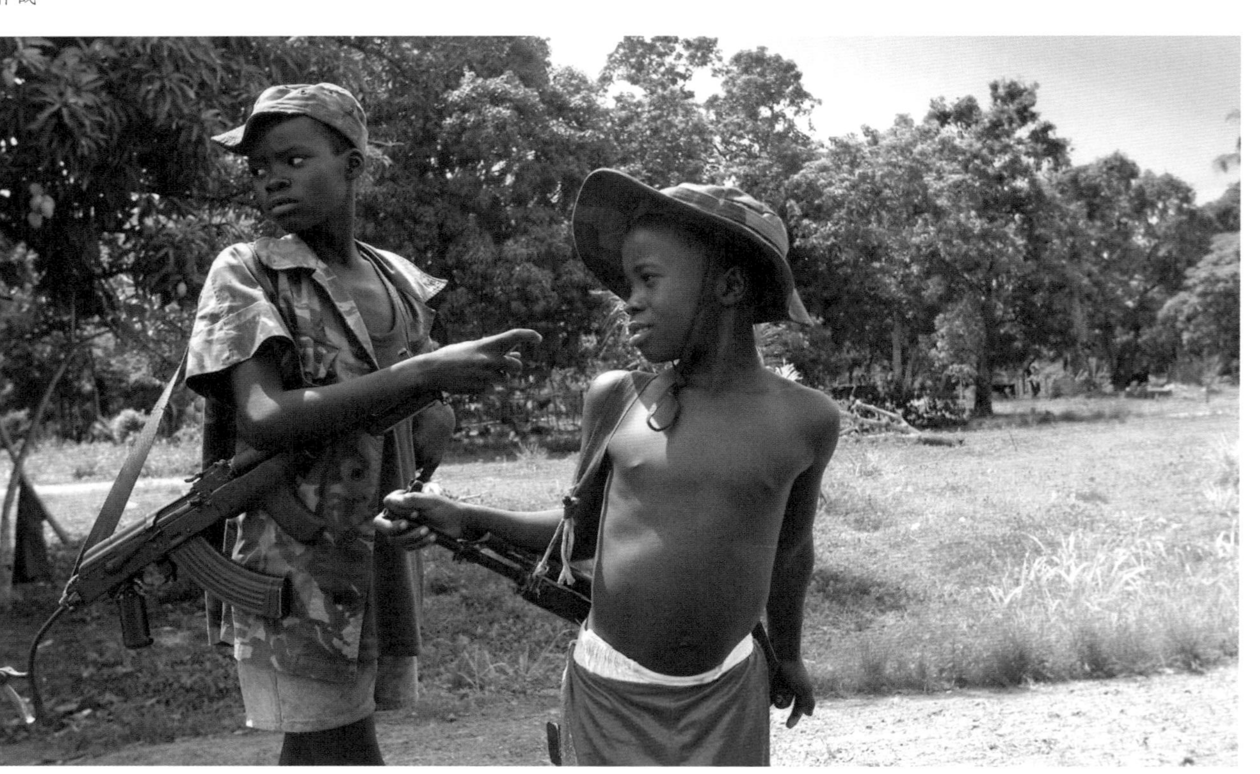

人类学家苏珊·谢普勒在她的民族志《童年部署：重建塞拉利昂娃娃兵》（2014）中，研究了塞拉利昂内战后重建过程中娃娃兵重新融入社会的情况。谢普勒在该国非政府组织领导的继续教育中心进行了为期18个月的民族志实地研究，听取儿童故事并参加讲习班。最后，谢普勒认为，西方关于娃娃兵的概念与塞拉利昂娃娃兵的生活经历之间极度脱节。所以，寻求帮助娃娃兵的倡议应当以当地的世界观和意义体系为基础。然而，国际机构对娃娃兵的看法与当地儿童的信仰及习俗之间存在着巨大的鸿沟。在塞拉利昂，考虑到农业经济的现状，青年劳动力很多。儿童通常以学徒的身份与成年人一起工作，成为家庭经济活动的一分子。这种劳动很容易使儿童成为征兵的目标对象。而与此同时，联合国却在实施旨在让娃娃兵重新融入社会的计划，即让他们拥有天真、无忧无虑、充满希望和学习机会的童年。这两者之间是脱节的，所以这些计划弊大于利。

和谐是我们的诉求吗？

处置争端

人们为什么会发生冲突？这涉及许多因素，包括领土、财产、物资、政治权力、决策和社会关系等。在欧洲和北美的信仰体系中，冲突是关乎赢家和输家的，常见于体育赛事。然而，有些文化强调维持社会和谐。在马林诺夫斯基研究过的特罗布里安群岛，板球比赛总是以平局结束。岛民们比赛的目的不是一较高下，而是加强社会关系。平局有助于缓解紧张局面，并让两队都获得自豪感。

人们使用各种非正式和正式的手段来处理冲突。其中，非正式的技巧有回避、竞争和玩耍；正式的手段有裁决、谈判和调解。

裁决 ▶ 由个人或委员会授权对冲突做出判定的法律程序，其中一个例子是利比里亚的克佩尔模拟法庭。

谈判 ▶ 冲突管理的一种方式，各方通过谈判达成一致意见，如斐济的土地权利谈判。

调解 ▶ 涉及帮助相关方达成一致意见的第三方介入。在夏威夷，矫正或修正是原住民的一种调解形式。

和谐意识形态

但是，和谐总是完美的结局吗？和谐很容易被浪漫化为美好的理想，其核心是：冲突是不好的，健康的社会应尽量减少冲突和对抗。然而，这本身就是一种文化意识形态。人类学家劳拉·纳德（1930年至今）撰写了关于和谐意识形态的政治风险的长篇文章。纳德认为，和谐的意识形态是传教士在许多殖民地传播的一种思想控制形式。它导致处于社会边缘的人被剥夺了诉诸法律的机会，并被迫采取其他解决办法。

纳德将研究重点放在一种流行的基于和谐意识形态的冲突解决方式上，这种方式于20世纪70年代在西方国家发展起来，它就是替代性冲突化解。这导致了诉讼的激增，并将一些重要的民权案件从法庭转移到一个优先考虑和谐而非公正理念的领域。纳德认为，在某些情况下，冲突可能是推动更大社会变革的唯一途径。例如，公司发明了仲裁的形式，以规避来自员工的集体诉讼。纳德对许多参与者进行了实地调查，发现他们更喜欢其他形式的正义和和谐。总之，解决冲突没有“正确的方法”，否则世界上就不会有冲突了！

解决冲突

恢复性司法已经成为解决冲突的方式之一。它将国家机构的权力转移到公民手中，倡导以非暴力的方式解决冲突。

全球化进程与国家收缩

在21世纪，全球化对国家提出了明确的挑战。随着人员、资本、商品和思想跨境流动的加快和深化，国家治理的本质受到越来越多的争议。尤其是跨国公司、非政府组织和国际组织的增加，对国家主权的概念提出了巨大挑战。

关于国家治理的争议

国家主权 ▶ 认为国家拥有绝对治理权力的观念，包括制定法律、征缴税款、发动战争、维持和平及缔结商业和贸易条约等。尽管在许多政府形式中，国家主权往往属于人民，但这些权力是通过授权的方式行使的。

国际组织（如联合国）是国家主权弱化的表现还是西方自由主义霸权的工具？

国际发展计划

国际发展计划是在第二次世界大战之后开始的，当时需要制订各种方案来促进其他国家走上与工业化国家相同的发展道路并提高其生活水平。工业化国家的政府认为，西方的现代化和工业化计划可以为前殖民地的经济发展提供最好的模式。外国援助、国际投资和发展专家的支持，将有助于在全世界复制西方的现代化模式。一些国际援助和金融机构，如国际货币基金组织、世界银行和联合国，都是由富有的前殖民国家建立的，旨在帮助前殖民地的新兴政府缔结联盟，加速经济发展，减少贫困人口并提高生活水平。

国际发展计划 ▶ 西方发起的向前殖民地提供援助和金融投资的项目，以加快这些国家的经济发展、减少贫困人口并提高生活水平。

新自由主义 ▶ 将自由市场视为推动经济增长的主要手段的经济政策。

新自由主义经济学

这些组织中有许多是由西方国家出资支持的，它们向其他国家施压，要求实施新自由主义经济政策，并将自由市场视为推动经济增长的主要手段。国际货币基金组织和世界银行等组织一直在倡导自由市场和自由贸易，同时削弱国家的作用。有些国家还为国家发展计划提供补贴，用于发展基础设施、卫生和农业项目，改善生活质量。

为发展而做的这些努力，其背后的基本思想是：经济政策和激励可以推动所有社会走上提高生活水平的康庄大道。这种对人类社会进步具有普适性的模式，其核心理念是改变地方经济惯例，使之从农业转向工业，从自给自足的生活转向大众消费和资本积累。

然而，这些政策在人类学领域一直存在争议。经济状况糟糕的国家接受结构调整贷款，作为回报，这些国家必须根据新自由主义原则调整政策，比如增设私营部门，鼓励自由贸易，削减教育和保健等社会服务开支。借款国还必须鼓励外国投资，并取消对国内产品的补贴。这引发了国际组织是否真的削弱了国家的权力的思考。又或者，它们是一种新的西方殖民主义，在为了西方国家、跨国公司、非政府组织、政客和精英的利益而实行全球治理?

就收入而言，跨国公司现在甚至可以与许多国家竞争。2018年，全球100强经济体中有71个是企业，只有29个是国家。虽然政策调整旨在促进经济增长，但也对当地的生计产生了巨大的破坏性影响。批评人士指责在这种新殖民主义的背景下，西方资本主义和政府精英仍在从剥削较为贫穷的国家中获利。

新殖民主义

新殖民主义 ▶ 在殖民统治看似已经结束的情况下，继续维持不平等关系的经济和政治政策。它是通过间接手段实现的，例如，通过有条件的援助影响一个国家，使资本主义和新自由主义全球化，以及在文化上征服前殖民地。

玻利维亚水资源的私有化引发的危机

20世纪90年代，玻利维亚的拉巴斯、埃尔阿尔托和科恰班巴等城市的供水系统和下水道系统实行了私有化，这是世界银行向玻利维亚政府提供贷款的部分条件。这两份合同都是与美国和欧洲的水务公司签订的。由于这些公司将水价与美元挂钩，玻利维亚的水价飙升。城市中大多数的贫困社区都被供水系统拒之门外，他们只能购买用卡车和手推车提供的劣质水。

这并不是玻利维亚独有的现象。亚洲、非洲和拉丁美洲的水资源也与资本市场挂起钩来。但是，外国公司怎么会有资格决定当地人如何（或以何种成本）使用自己的水资源呢？答案是：新殖民主义想要开采和管理世界各国的自然资源。

发展人类学

20世纪60年代以来，越来越多的人类学家开始质疑西方的发展模式。在国际发展计划实施初期，一些人类学家利用他们对当地的了解和人脉网络，帮助实施这项计划。但他们逐渐意识到，大多数前殖民地，即使其自然资源丰富，也未能参与到国际经济竞争当中。一些国家还承担着不断增长的债务，以维持经济稳定。在殖民主义已经结束了很长时间的今天，全球80%以上的人口仍生活在发展中国家。

在这种研究背景下，政治人类学最大的分支之一——发展人类学诞生了。发展人类学与全球政治及经济密切相关，因为它研究的是经济如何在日常生活中扮演核心角色，并构建起各种不平等关系。发展人类学家批判性地审视发展机构，如国家、政府机构、国际组织、非政府组织和公司。就大多数国家采取的做法来看，国际发展计划复制了殖民主义时期的权力结构，前殖民国家仍然主宰着世界经济体系。

与此同时，实力较弱的国家（其中许多是前殖民地）仍然受到剥削，成为廉价劳动力、原材料和市场的来源。

后发展理论

关于发展的质疑

在当代发展研究中，这是一个强大且充斥着争议的思想领域，它与“发展”的概念不一样。随着哲学家、社会评论家伊万·里奇（1926—2002）著作的出版，这类著述于20世纪八九十年代涌现。阿图罗·埃斯科巴（1952年至今）、古斯塔沃·埃斯特瓦（1936年至今）、詹姆斯·弗格森（1959年至今）和沃尔夫冈·萨克斯（1946年至今）等人类学家的作品，引发了关于发展的欧洲中心主义与西化世界议程的激烈辩论。他们指出发展是一种源于冷战时期的意识形态，由西方政府发起，目的是使其经济扩张合法化。就像殖民时代一样，非西方国家被认定为“不发达”、低劣和落后的，应该通过发展计划“追上”西方国家的步伐。世界各地多样化的生活方式被那些自称专家的人简化为完全追随工业化国家的模式。发展计划的经济合理性集中在资本积累上，通过市场赚钱成为优先级最高的事。与此同时，其他社会形式均被贬低。

后发展主义者认为，我们应该考虑替代性的参与发展模式，给人们自主权，让他们定义自己的需求，而不是把我们的欲望强加在他们身上。后发展理论与依附理论的不同之处在于，它对“现代性”这个概念本身进行了批判。

解读国际发展计划的人类学家

阿图罗·埃斯科巴

詹姆斯·弗格森

李·莫里·塔尼亚

世界系统理论

建立在依附理论基础之上的世界系统理论认为，贫穷是全球政治经济发展为结构上不平衡的劳动分工的直接结果，从这种分工中可以获取廉价劳动力和自然资源。

美国社会学家、经济历史学家伊曼纽尔·沃勒斯坦（1930—2019）是这一学派的代表人物。在他的世界系统理论著作中，他将民族国家划分为中心国家、半边

依附理论

新古典主义理论认为经济增长是有益的，贫穷国家还没有构建起像西方国家那样成功的经济模式。与之相反，依附理论学家认为，世界经济关系与殖民主义时期相比变化不大。前殖民地仍然向富裕的前殖民国家出口初级产品，而后者再以高价将最终产品卖给前殖民地。依附理论强调，在贫困中挣扎的国家应该通过构建自给自足和可持续的经济模式来打破依附循环。

缘国家和边缘国家三类。

传统上，我们认为中心国家和边缘国家就是所谓的第一世界国家和第三世界国家。但沃勒斯坦描述的不平等发展也在工业化国家内部得到了证明。边缘地区可以作为总体生活水平较高范围内的贫困地区存在于中心国家内部。反之，中心地区也有可能存在于边缘国家，比如政治、企业和军事精英占据的富裕城市中心。

全球化无疑挑战了沃勒斯坦的世界系统理论：商品、资本、人力和思想的流动远不像防御严密的边缘国家和中心国家之间的情况那样简单。但是，根深蒂固的不平等和发展不均衡的现实依然存在，全球80%以上的人口仍然生活在发展中国家。

伊曼纽尔·沃勒斯坦（1930—2019）建立了一种被称为世界体系的理论

中心国家 ▶ 对非中心国家和世界经济体系产生重大影响的工业化国家。

半边缘国家 ▶ 处于中心和边缘之间位置的国家。它们通常不那么容易受到工业化国家操纵和支配，却依然在全球经济中发挥作用，只是相对不太突出。

边缘国家 ▶ 工业化程度最低、经济实力最弱的国家。这些国家经常被中心国家及其跨国公司剥削，成为后者的廉价劳动力、自然资源和市场的来源。这种剥削方式导致它们长期处于不发达状态。

谁是发展的真正受益者？评价一个国家或一个人“不发达”是什么意思？研究发展的人类学家认为，你不能以欧洲为中心去定义“发展”是什么。发展的概念是由西方利益集团构建和主导的，从根本上受到西方霸权的影响

民族志个案研究：进步的意志？

在《进步的意志》（2007）一书中，人类学家李·莫里·塔尼亚研究了世界银行设计的一个10亿美元的项目，该项目旨在鼓励印度尼西亚苏拉威西岛的人们相互竞争。李并没有对发展计划提出另一种人类学批判，而是认真分析了发展计划改善当地生计的真正意图。例如，洛林都国家公园的修建旨在创造就业机会和发展旅游业，进而提高人们的生活水平。然而，当地村民被迫流离失所，从他们传统的居住地迁移至公园外不太肥沃的土地。这些发展计划表现出了明显的从殖民时代至今的连续性：当地居民被认定为落后的，而原住民的传统居住地是对环境的破坏。

在李研究的这个项目中，发展机构负责支持国家公园的恢复和保护。然而，他们没有认识到完成这项任务的结构性条件——岛民的边缘化。相反，随着干预措施的失败，情况不断恶化，新的干预措施又被无情地实施。非政府组织在苏拉威西岛的土地使用权问题上施加了压力，引发了原住民群体之间的冲突，所有群体都声称对这片土地拥有所有权。

李指出，这项发展计划的根本问题在于，没有让当地人参与决策。阿图罗·埃斯科巴、詹姆斯·弗格森、沃尔夫冈·萨克斯、詹姆斯·斯科特（1936年至今）等人类学家都强调，发展计划往往是由发展机构和专家共同制订的，却忽视了它们将要干预之地的文化和历史背景。所以，我们应该考虑能引发积极变革的替代性方法，挑战只有西方知识体系才能推动经济和社会发展的霸权理念。然而，批评人士认为，这种方法可能会将发展计划的替代品浪漫化，淡化实际存在于原住民社区的统治关系，而且默认假定了当地人对西化不感兴趣。

尽管发展计划的有效性存在诸多争议，但有许多人类学家在发展部门工作，包括世界银行、联合国、国家发展机构（如美国国际开发署）和非政府组织等。其中一些人类学家提出了发展计划的替代性方案，包括：将项目本地化，远离全球市场，利用原住民和社区的知识，关注当地的可持续市场，不断进行自我反思，以及让当地人参与决策。世界各地的人类学家和社区已经证明，有多种方式可以构建对人们生活有积极影响的可持续性发展计划。

公民社会与社会运动

被称为公民社会的非政府组织已成为全球和地方政治的主要参与者。通过跨国传播网络，它们能够将当地的关切转化为基于权力的全球项目，从而模糊了国家与公民关系的界限。气候变化、环境、移民、女性权利等问题，已经成为超越国界的热门议题。借助智能手机和社交媒体等新技术，公民社会联盟激发起全球情绪，向民族国家施压，要求它们就本国的问题采取行动。这对国家主权高于国家事务的观点提出了挑战。

社会运动

社会运动是为实现特定的政治、经济或社会目标而做出的集体努力。社会运动通常表现为在标准的政治进程之外开展破坏性的集体行动或有争议的政治活动，比如示威、罢工或抗议等。社会运动虽然经常倡导社会变革，但有时也会反对某项社会变革。

人类学家一直活跃在分析和参与社会运动的最前沿。近年来，他们为地区如

人类能动性

何应对全球化和资本主义扩张的影响提供了深刻见解。其中，关键问题在于人类能动性，即个人和群体协商并争夺权力的能力。人类能动性可以通过非常明显的努力来实现，也可以通过其他机构（如宗教机构和社会团体）及不太明显的抵抗来实现。

人类学家还研究了人们进行抵抗的小规模方式：詹姆斯·斯科特称其为“弱者的武器”。在《弱者的武器：农民抵抗的日常形式》（1985）中，斯科特描述了处于弱势地位的人们如何选择微妙的、非对抗性的反抗策略，并随着时间的推移带来变化。斯科特的分析聚焦于马来西亚西北部的一个村庄的农民，他们因为水稻种植技术的变革而变得贫穷。尽管如此，他们并没有公然对抗从变革中获益的当地精英。贫穷的农民认识到，针对社会和经济精英的大规模起义，可能会危及他们自己及家人。于是，他们进行了一些不易被察觉的反抗，比如盗窃、散布流言、拖延、破坏、纵火、欺骗和假装服从。斯科特认为，随着时间的推移，这是一种可能会带来变化的反抗形式，让人们在面对极端统治时有机会表达自己的诉求。

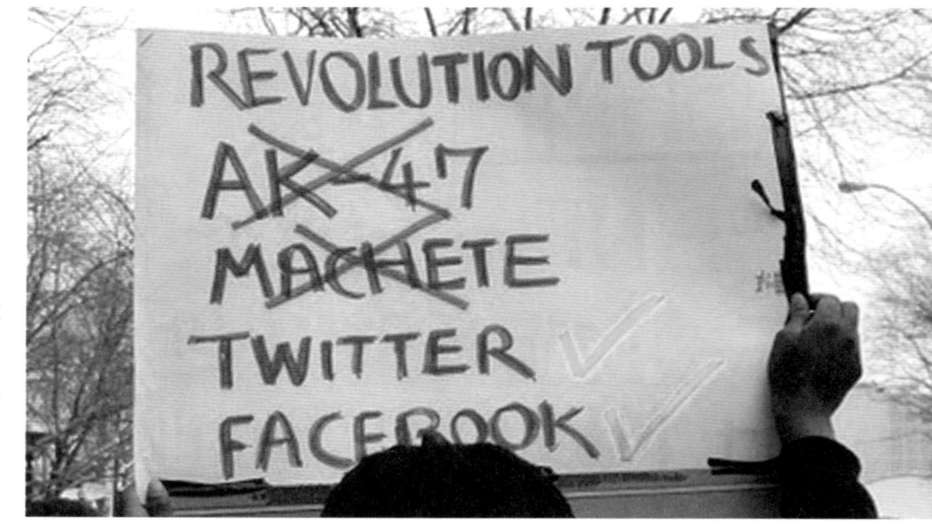

想一想，社交媒体是如何在“阿拉伯之春”运动中增进活动家之间的联系的。当时，突尼斯、埃及、叙利亚等国家的活动家均被动员起来去挑战权力体系

琼·纳什与萨帕塔主义者

人类学家琼·纳什的研究着眼于萨帕塔民族解放军（EZLN）的斗争。女性萨帕塔主义者占EZLN的40%，她们正在争取民族自治权，并在她们所在的父权制原住民社区中争取女性代表的席位。作为改革的推动者，同时也是改革的主体，这些女性将她们争取权利方面的工作与她们的行动结合起来，展示了革命运动的力量。纳什认为，原住民构建了新自由主义的强大替代品——多种族、无等级并且以集体自决和道德权威为中心。萨帕塔主义者并没有自我孤立，而是以睿智的方式进行交流，吸引了其他渴望从他们的激进战略和目标中学习的人，同时也保护了他们的组织。

第九章

全球化、人口迁移与流离失所

全球化、流通和交换—全球景观：我们的
界是如何连接的？—弹性积累—我们生活
一个“扁平的世界”里吗？—全球迁移和
离失所—打破一些重要的误解！—对流动人
进行分类—移民、媒体和民粹主义—外包
界—流动性和新型冠状病毒

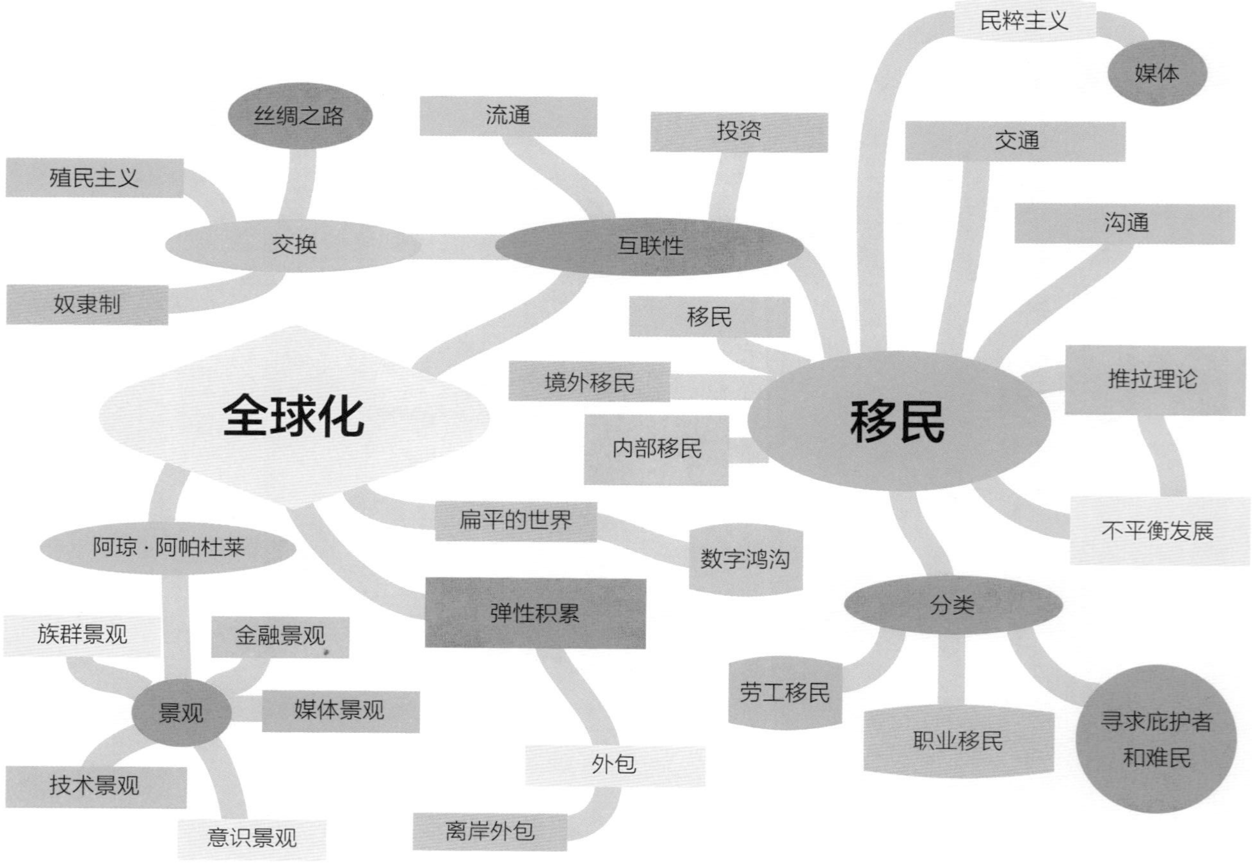

丝绸之路
流通
投资
民粹主义
媒体
殖民主义
交换
互联性
交通
沟通
奴隶制
移民
境外移民
推拉理论
全球化
移民
内部移民
扁平的世界
不平衡发展
数字鸿沟
阿琼·阿帕杜莱
分类
弹性积累
族群景观
金融景观
景观
媒体景观
劳工移民
职业移民
寻求庇护者和难民
技术景观
外包
意识景观
离岸外包

全球化、流通和交换

当你走进当地的超市时，你可能会看到来自世界各地的食品和产品，比如危地马拉的香蕉、南非的橙子、土耳其和澳大利亚的无花果，还有哥斯达黎加的菠萝。在欧洲，这些水果很少能买到，甚至在王室圈子之外的人都没有听说过。菠萝等水果曾经是享乐和奢侈的象征，如今却成了超市常见的食物。你也可能会发现自己在一天之内就穿过孟加拉国、中国和越南制造的衣服。这两种现象都是全球化加剧的例子，在世界范围内，人、商品、思想和货币已经形成了一种新的互动和交换秩序。

全球化 ▶ 人、商品、思想和货币在不同国家和地区的互联互通。

虽然全球化自20世纪80年代末以来一直是一个热门的学术问题，但人类学为这一主题带来了独特的视角。人类学家不是从宏观角度观察这一现象，而是跟踪研究全球化是如何在人们的日常生活中发生的，并着眼于不同文化之间的互动。

全球化：一个古老的现象

全球化当然不是一个新现象，贸易、人力、资本、技术、文化和思想在不同国家间的流动在更早的时候就开始呈现上升趋势了。

全球制造

克里斯托弗·哥伦布曾向西班牙国王费迪南德二世进献过菠萝，使这种水果成为皇室奢侈生活的代名词。想一想，现在菠萝可谓随处可见

例如，跨境贸易和交换在丝绸之路沿线开展起来。从公元前2世纪到18世纪，欧洲和亚洲贸易商一直在利用这条贸易通道进行商品交换。虽然丝绸是中国的主要出口商品，但其他商品的交换和思想的交流也在进行，包括纸张、火药和佛教，为今天的全球化奠定了基础。

在其他地方，比如太平洋岛屿，岛民们经常为了贸易、结婚、探险、探亲或冲突而搬家。借助高超的航海技术和发达的水路，岛民们构建了相互影响、互相融合的文化和社区。

然而，并非所有人都是全球化历史上的受益者，奴隶贸易的扩大和殖民主义的发展就是两个典型案例。

太平洋岛民利用简单的双体船穿越大洋

今天的全球化建立在这些互联历史的基础上，过去几十年的重大技术发展极大地促进了国际间的贸易、投资和迁徙。人类学在将全球化作为一个理论概念加以研究的同时，从民族志的角度将全球化进程与人们的日常生活结合在一起。人类学家不再将社会视为“封闭”或孤立的结构，而视之为由全球化进程和动态发展塑造的结构。简言之，人类学关注的是全球和地区之间的关系。

奴隶贸易

16—19世纪，大西洋奴隶贸易将1 000多万非洲人运往美洲。数百年的暴行和暴力是支持远洋贸易和获利的重要因素。

全球景观：我们的世界是如何连接的？

人类学家阿琼·阿帕杜莱（1949年至今）从“景观”或流动的角度审视了全球化。他定义了5种特定的“景观”，用于了解嵌入人们日常生活的全球文化流。

殖民主义

作为殖民主义的一部分，欧洲国家和美国利用军事力量统治了非洲、亚洲、太平洋、拉丁美洲和加勒比地区。殖民地被视为廉价劳动力和丰富的自然资源的来源，支撑着欧美国家的经济增长。现在，许多前殖民地仍然与这一全球经济体系紧密相连。由此可见，剥削和暴力的恶性循环是由世界市场的需求驱动的。

阿帕杜莱定义的 5 种“景观”

族群景观——人们跨越文化和边界的流动，包括游客、移民及其他流动的个体和群体。随着人们的移动，信息和想法也在移动。

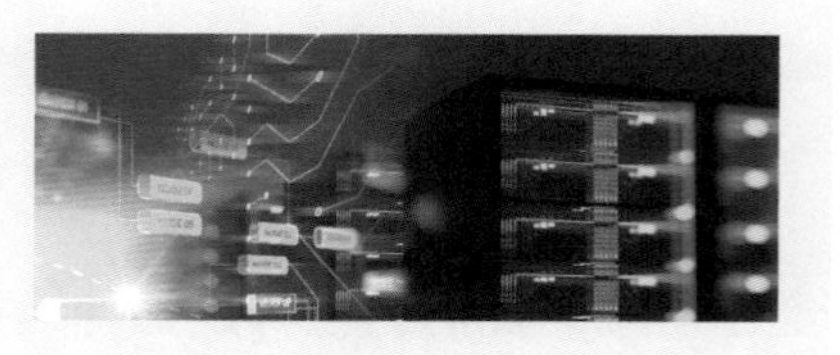

技术景观——基于技术流的文化互动，包括机械技术及涉及软件和电信的信息技术。

金融景观——跨越政治边界的全球资金流动。尽管这一现象已经存在了几个世纪，但近年来全球货币的流动速度急剧增加。今天，不同市场的相互关联程度如此之强，以至于当某一个市场崩溃时，其他市场也会做出相应的反应。回想一下美国和欧洲2008年的大衰退，它是由美国房地产市场的次级贷款引发的，导致了冰岛、爱尔兰、希腊和西班牙等国的金融危机。

媒体景观——媒体信息的全球传播，如报纸、杂志、电视、电影和社交媒体。然而，这些媒体的叙事在很大程度上受到私人和国家利益的操控，以及个人对特定媒体信息的选择性偏倚。

意识景观——思想的全球流动产生了一个松散结构的政治文化组织。一些关键词和重要论述在流动过程中被赋予了不同的含义和新的解释。

弹性积累

越南一家大规模工厂里的制衣工人

当下全球化的一个主要特征是弹性积累，它是指公司用来实现利润最大化的技术。这主要是由于新的通信和运输技术及政治经济自由化。20世纪90年代，经济自由化的新环境（包括放松法律和国际贸易限制），使人口、思想、资本和商品更容易快速跨境流动。公司利用国外市场的机会，将生产活动转移到不同国家，以寻求更低的税收、更便宜的劳动力和更宽松的环境法规。除此之外，累积利润的战略还包括离岸外包，即公司将部分流程设在海外，从更低的成本、改进的工作经验和技能及更大的时区覆盖率中获益，并打入新市场。例如，谷歌、思科、微软和IBM（国际商用机器公司）等美国科技公司越来越多地将研发中心迁移到印度班加罗尔，该地被称为“亚洲硅谷”。

弹性积累

有些公司将其工作的某个方面完全委托给第三方，即我们所知的外包。这方面的一个例子是将呼叫中心迁往海外。企业在其他国家（如印度和菲律宾）雇用外部客户服务组织　负责与客户沟通。

离岸外包
外包

然而，这些做法极具争议性。人类学家诺玛·伊格莱西亚斯·普列托在《美丽的加工业之花》（1997）一书中，对在美国和墨西哥边境装配厂或加工业中工作的墨西哥女性的生活进行了详尽的描述。通过对墨西哥边境城市蒂华纳的实地研究，普列托对将全球化视为一种完全积极或消极力量的描述提出了质疑。这些墨西哥女性置身于危险的工作环境中，还要受到男性上司的贬斥，但她们中的许多人又很珍视这个养家糊口和实现经济独立的机会。

我们生活在一个“扁平的世界”里吗？

全球化研究的一个关键问题是：位置和地点是否变得无关紧要？一些研究人员认为，在信息与通讯技术（ICT）革命的推动下，全球化标志着“地理的终结”“距离的消失”，以及“无国界世界的出现”。

这些说法中最吸引眼球的是《纽约时报》专栏作家托马斯·弗里德曼的观点，他认为，在全球化背景下，“世界是平的”。在《世界是平的》（2005）一书中，弗里德曼描述了他的印度班加罗尔之行，在那里他意识到全球化改变了人们做生意的方式。他指出，信息技术革命、国家对市场监管的放松和经济一体化的加强，都有助于缩短经济关系的

扁平的世界？

距离。在他看来，现在已经形成了一个全球性的信息平台，一个超越空间距离和地理位置的通信平台，一个将用户连接到任何地方的平台。想象一下，我们可以在8小时内从伦敦飞到纽约，我们可以通过点击鼠标从柏林发邮件给上海的朋友。视频会议和社交媒体“压缩”了时空，改变了我们的时空体验。

有些人对弗里德曼的论点提出了质疑，指出在全球化背景下存在着明显的权力失衡问题。即使世界在某种意义上变“平”了，也绝不意味着全球经济总体上变“平”了。事实上，有相当多的观点和证据表明，全球化并没有使世界经济变平，反而加剧了其不平衡性。更具争议性的是，世界上只有大约一半的人口能上网，这被称为“数字鸿沟”。它不仅意味着对互联网访问的不平等，也意味着从互联网使用中获益的不平等。

经济学家潘卡基·格玛沃特（1959年至今）对弗里德曼的观点进行了最有力的抨击。格玛沃特认为，尽管有些人在谈论互联的世界，但实际上只有一小部分跨境一体化存在，而大多数经济活动都集中在国内。尽管有“投资无国界”之类的说法，但全球超过90%的投资都是在当地进行的。与跨境移民和电话联系在一起的国际化程度实际上远低于弗里德曼所描绘的情况。在全球范围内，国际移民只占世界人口的3.4%。1960年以来，移民人数占全球人口的比例一直保持在这一水平。大多数电话也是在国内拨打的，在美国，只有2%的电话是跨境的，与人们的估计相差甚远。

“世界是平的”理论也有可能是危险的，因为它掩盖了跨境一体化加剧了不平等的事实。想一想企业在将业务迁移或外包到其他国家时所规避的健康和安全标准及最低工资要求吧。虽然有人可能拥有在世界各地自由

新型冠状病毒与数字鸿沟

新冠病毒的全球大流行暴露了严重的不平等问题。对一些人来说，过渡到在线工作模式很容易。但对其他许多人来说，数字设备、互联网、快速连接和合适的工作条件都是遥不可及的。

往来的政治和经济资源，但其他许多人几乎没有跨境出行或通信的机会。格玛沃特认为，我们的联系可能更加紧密，但我们不再处于公平竞争的环境中。

全球迁移和流离失所

世界各地的人口迁移

全球化的一个主要特征是，各国境内和各国之间的人口迁移变得越来越容易。但自古以来，流动性就是人类的一个核心特征。无论是15 000多年前旧石器时代狩猎采集者的早期迁移，他们跨过白令海峡，从西伯利亚到阿拉斯加，最终到达南美洲；还是中世纪时期意大利商人沿着丝绸之路探索新市场；又或者在现代早期印度商人跨越大陆和文化开展贸易。尽管不同国家和地区在语言、宗教、知识和习俗方面存在差异，但人口迁移为相互交流创造了机会。

交通和通信的进步使跨越大陆分水岭的人口迁移成为可能。地区环境对人们生活的影响日渐式微，因为全球化使人们可以更便捷地旅行，并与世界各地的家人和朋友保持联系，这

推力 ▶ 迫使某人离开自己国家的排斥力，例如贫困、自然灾害、气候变化、冲突、疾病、经济落后、政治或宗教压迫、采矿和其他形式的资源开采等。

拉力 ▶ 将人们吸引到目的地国家的吸引力，例如就业机会、更好的工作环境和工资、教育前景、更好的医疗保健条件、投资的可能性，以及家庭和朋友关系等。

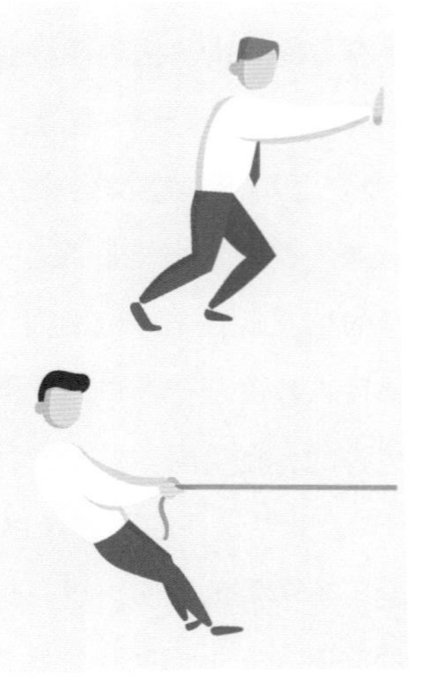

在早期移民史上是闻所未闻的。

除此之外，世界上的数百万人因为迫害、武装冲突、自然灾害、发展计划和经济贫困等被迫离开家园。移民既与推力有关，也与拉力有关，研究人员利用这一框架思考了人口迁移的原因和地点。

然而，请记住，做出移民的决定并非易事。是推力和拉力的复杂组合，在大多数情况下促使人们做出了移民的决定。

殖民主义在人口迁移和流离失所的历史上扮演着重要角色。例如，美国对拉丁美洲的干涉政策导致了数百万人规模的移民。美国政府为了自身的政治和经济利益资助了暴力政变和政权，然后就有了“移民工人计划”，试图用移民作为廉价劳动力的来源去建设美国经济。美国占领波多黎各后就是这样做的，菲律宾和关岛的经历亦如此。这些持续影响着人口迁移的路径。

当今世界经济发展的不平衡也刺激了大规模的全球人口迁移。随着富裕国家和贫穷国家之间的差距继续扩大，殖民时代和后殖民时代的资源开采助力一些国家获得成功，同时却牺牲了其他国家的利益。在国家内部，富裕的精英阶层和贫困人群之间也存在着巨大的不平等。因此，许多人被迫迁移，以寻找更好的机会去满足自己和家人的需求。

飓风移民丑闻

2018年4月，英国政府公开道歉，因为他们错误地拘留、驱逐了1949—1971年从加勒比地区来到英国的数百人并剥夺了他们的合法权利，这些人就是所谓的“飓风移民”。在这段战后重建时期，英国前殖民地的人们被积极鼓励前往英国填补劳动力空缺。

英联邦公民被授予在英国的合法居留权，但没有任何书面的证明文件。后来，英国政府驱逐了飓风移民或对其实施了极端歧视政策。虽然英国政府最终对他们做出了补偿，但关于区分飓风移民和后来的加勒比移民的争论仍在继续，后者同样难以获得享有合法居留权的证明文件。

打破一些重要的误解！

误解 1：现在的移民速度前所未有

做出将你和家人的生活连根拔起的决定并不容易。想一想，你接下来可能会面临的挑战：学习一门新语言，适应一种截然不同的生活方式，离开家庭、朋友和社区关系。事实上，全世界只有3%的人口跨境迁移。这些年来，这个数字一直保持稳定，并且与全球人口增长成正比。不过，商务旅行和旅游等非移民性人口流动有所增加，移民范围也有所扩大，但即便如此，大多数移民还是在同一地区的国家之间流动。

误解 2：经济移民

认为移民是由收入、就业机会和其他经济因素驱动的刻板印象，是对人们为何移民的不准确描述。一方面，许多人并不是从贫穷国家移民到富裕国家。另一方面，富裕国家和贫穷国家一样内部流动率很高。

从本质上说，我们大多数人都是“经济移民”，即使是在我们自己的国家内部。但这个词现在有了新的含义：它经常出现在小报和民粹主义政治话语中，暗示经济移民的存在是边境问题的根源，只要将他们拒之门外，秩序就会恢复。

误解 3：移民抢占当地人的工作机会

指责移民抢占了当地人的工作机会已成为一种流行的政治口号，但经济学家发现情况并非如此。实际上，大多数移民从事的都是当地人不想做或没有能力做的工作。移民对当地经济增长的影响通常是积极的，而且带来了新的经济机遇。在许多国家，没有足够的人力来填补空缺的职位，如医疗、护理等。

误解 4：非法性

“非法性”的标签导致了种族分裂和排斥。尽管有人声称越境的“非法”移民数量失控，但世界上的大多数移民都是合法移民。据估计，进入欧洲的移民有90%是得到许可的。然而，富裕国家正在以越来越大的力度将不速之客拒之门外。1990年，有15个国家在其边境设置了围墙或围栏；到2016年年初，这一数字上升到近70个。

迁移人口的分类

迁移 ▶ 进入一个国家

移居国外 ▶ 迁移到另一个国家

内部迁移 ▶ 在一个国家内部迁移

东伦敦的标志性砖巷可被视作移民对当地经济产生积极影响的一个例子。20世纪70年代以来，孟加拉国人的到来推动了当地美食的发展，以及托尔哈姆雷特区的复兴

移民包括留学生、企业精英、农民、建筑工人、受过高等教育的专业人士，以及逃离冲突、暴力或迫害的人。媒体经常灌输给我们的是，前往西欧和美国的移民很穷，没有证件，来自世界上资源不足的地区。但这远非事实！移民实际上是一件昂贵的事，缺乏教育背景、财政资源、工作技能的人几乎不会考虑移民。

为了了解世界各国的人口迁移体验，研究人员通常会考虑人们的社会经济背景，提供比较分析的一般框架。

劳工移民

劳工移民的作用

劳工移民从家乡迁移到国外，从事各种职业，包括所谓的“高”技能和“低”技能岗位。然而，许多国家是根据劳工移民的受教育程度、社会经济背景和国籍对其进行分类的。许多寻找“低技能、低工资”工作的移民（通常在富裕国家）凭临时劳工项目获得临时居留权。这使得他们拥有在临时居留期内工作的权利，但他们没有公民权和永久居民享有的其他权利。还有人发现，他们的高级职业资格或技能资格在本国之外无法得到承认。

沙特阿拉伯拥有世界上数量最多的劳工移民，大约有1 300万人。该国繁荣的石油产业推动了建筑业和金融业的发展，但缺乏足够的人力来支持这种增长。因此，沙特阿拉伯政府从南亚（印度、斯里兰卡、印度尼西亚、尼泊尔和菲律宾）和埃及招募工人。这些工人面临的生存条件极为考验人，而且受尽剥削、歧视和虐待。

卡法拉制度是其中的核心，它对外国劳工具有法律约束力，限制他们换工作，阻止他们未经雇主许可离开该国。人类学家发现，这导致雇主对雇工拥有很大的控制权。

在卡塔尔，劳工移民占该国劳动力的95%，他们主要从事建筑业、酒店业和家政服务业的工作。随着2022年世界杯的建设热潮，卡塔尔的外籍劳工数量迅速增加。然而，有报道称，外籍劳工遭受虐待的现象普遍存在，比如拿不到报酬或被安置在不符合标准的住所中

汇款 ▶ 劳工移民向其本国汇出的资金。汇款与国际援助一起为发展中国家提供了最大的资金流，用于支持人们的生计、公共工程和基础设施建设、商业企业发展等。汇款受到国际组织和政府的欢迎，因为从长远看，这有助于降低中低收入国家的贫困程度，缓解发展不平衡的问题。

汇款

在《日常对话：伊斯兰教、家务劳动和科威特的南亚女性移民》中，人类学家阿提亚·艾哈迈德（1976年至今）将她的研究重点放在来自南亚和东南亚的数万名女佣身上，她们为科威特的家庭工作。科威特有90%的家庭雇用女佣，占人口的1/6。尽管外籍女佣占绝大多数，但她们几乎完全被排除在科威特的法律保护之外，很容易受到剥削。艾哈迈德写道，这些女佣以汇款的形式将资金汇到本国，这表明了她们对科威特经济和本国经济是多么不可或缺。因此，她们对于这两个社会的再生产至关重要。

然而，剥削外籍劳工并不是中东独有的现象。在世界范围内，包括欧洲和北美国家，扣留外籍家政人员护照的做法也很普遍。移民研究学者布里奇特·安德森在《做脏活?：家务工作的全球政治》一书中指出，在发达国家，关于“家政工人的适合性”的种族主义观念与公民身份交织在一起，使人们认为一些女性比其他女性更“适合”做家务。家庭女佣以将自己的人格商品化为低等和不洁的方式，重塑了女性雇主的中产阶级身份。

许多高技能人才也为了更好的工作条件和职业发展机会而移民，包括科学、技术、工程和医学（STEM）等领域。在《都市移民：墨西哥人向美国迁移》一书中，鲁本·埃尔南德斯·莱昂考察了墨西哥蒙特雷（墨西哥第三大城市和重要的制造业中心）和美国休斯敦（美国第四大城市和石油工业中心）之间的高技能人才迁移。移民为美国的发展做出了贡献，而大城市劳动力市场的这种变迁则集中反映了从农业到制造业和服务业的职业转变。

职业移民

人才外流 ▶ 高技能人才向海外迁移引发了本国对“人才外流”的担忧。这些人才移民海外往往是为了获得总体上更高的生活水平。

人类学家王爱华（1950年至今）提出了“灵活公民身份”的概念，指的是香港商业精英的跨国迁移。跨国公司的精英们亦如此，他们在不同国家之间迁移，这是他们工作周的一部分。

双重国籍人口在全球范围内的增加，反映了全球化背景下人口流动性的增加。一些人的家人遍布世界各地，同时维系着与不同地方的多重关系网络。

谁算移民？想一想，“外派人员”这个词在多大程度上是专门用来指代在国外工作和生活的西方白人的，而那些来自非洲、亚洲或中东国家的人则被称为“移民”。这凸显了移民背后的种族主义

寻求庇护者和难民

移民社群 ▶ 从原籍国迁出的拥有共同遗产或家园的分散人口。通常，人们在散居地（如犹太人散居地）以宗教或其他东西作为相互联系的纽带。

一些人由于冲突、暴力、灾难、政治或宗教迫害等，必须离开本国去他国寻求庇护。基于1951年的《日内瓦难民公约》（简称《公约》）和联合国难民事务高级专员办事处（UNHCR）的全球难民制度，可以说是各国在移民问题上正式合作的最有力形式。这是唯一一项拥有联合国专门机构和几乎得到普遍批准的条约的移民制度，各国移民政策都必须遵守。1951年的《公约》经145个缔约国批准，定义了“难民”一词，概述了流离失所者享有的权利及其获得公民身份所需承担的法律义务。

想要被认定为难民，申请者必须证明他们符合《公约》的定义。这一国际法律文件将难民定义为有充分理由担心因种族、宗教、国籍、政治见解或某一特定社会群体成员身份而遭受迫害的人。它的核心原则是不驱回，即难民不应返回其生命或人身自由面临严重威胁的国家。该原则现在被视为国际法的一项惯例。难民身份的确定是一个紧张的过程，由难民署或一国的移民官员负责。

尽管有所谓“难民危机”的说法，但在全球范围内，难民在移民人口中所占比例较小，仅为7%~8%。大约86%的难民生活在发展中国家，土耳其、巴基斯坦、黎巴嫩、伊朗、埃塞俄比亚和约旦等国目前收容的难民人数最多。相比之下，西方社会接收的难民人数相对少一些。由于世界各地的战争和政治动荡，官方统计的难民人数在20世纪40年代是最多的。

人类学家凯瑟琳·贝斯曼（1959年至今）在对美国缅因州刘易斯顿市的研究中发现，索马里难民是没落地区的一笔巨大财富。在《避难》(2016）一书中，贝斯曼详细描述了索马里班图族人移民到美国缅因州的艰难历程。在逃离了索马里的暴力内战后，他们中的许多人在肯尼亚难民营待了数年才被安置到美国。索马里难民并没有像民粹主义经常声称的那样引发文化冲突，而是以创造性的方式重振了刘易斯顿的城市景观。刘易斯顿曾经破败不堪的市中心如今成了遍布索马里商铺、餐馆和杂货店的繁华地带，房屋、学校和足球联赛的面貌通通焕然一新。

缅因州刘易斯顿市场上的索马里难民

虽然合法获得难民身份是原籍国以外的人才拥有的权利，但国内流离失所者或“境内流离失所者”的经历同样令人痛心。许多人可能没有离开自己的国家，但仍然被迫迁移，原因与难民相同：武装冲突、暴力、贫困和自然灾害等。但是，由于国内流离失所者没有跨越国境，如果本国政府不向他们提供援助，他们通常也无法获得国际援助。

人人行动自由

一些人类学家认为，人们不必证明自己的痛苦，就可以迁移到别处去。行动自由应该是每个人都享有的人权吗？经济学家认为移民往往是更新的力量，美国缅因州刘易斯顿市就是一个例子。

移民、媒体和民粹主义

尽管许多国家理论上都是《日内瓦公约》的缔约国，但近年来随着民粹主义浪潮席卷全球，不少国家的移民和边境管制日益加强。“边境强硬”和移民替罪羊的政策导致了对移民和寻求庇护者的限制性方针。虽然自由行动对一些人来说很容易做到，但公民身份和社会经济背景使有些人难以迁移到别处。“寻求庇护者”、“难民”和“移民”等术语在公共和媒体话语中逐渐成为“经济难民”、“福利掠夺者”、“恐怖分子”或“安全威胁”的代名词。其中许多观点都是仇外态度和政治替罪羊“头上笼罩的薄纱”，社会学家斯坦利·科恩（1942—2013）将其描述为“道德恐慌”效应。

2015年7月，戴维·卡梅伦因将加来移民形容为“蜂拥淹没街道的一大群人”而遭到抨击。不幸的是，这种侮辱性的语言在政治辞令和新闻中很常见，因为移民潮被视为自然灾害的一种，移民则被视为动物或昆虫，以及对民族或文化身份、社会凝聚力的威胁。例如，美国媒体称中美洲移民无法成功融入社会。在欧洲和北美，反对伊斯兰教的民粹主义言论越来越多地与移民问题联系在一起，为民粹主义政治运动摇旗呐喊。

重新思考移民问题的人类学家

布里吉特·安德森

凯瑟琳·贝斯曼

王爱华

外包边界和瑙鲁共和国的情况

虽然流动性一直是现代生活中的一个不变因素，但限制和控制流动性的尝试也从未停止。严苛的移民和难民政策已成为西方各国政府的试金石。我本人的作品《从磷酸盐到难民：瑙鲁共和国的境外难民产业》聚焦于澳大利亚政府在太平洋地区采取的一项此类政策的影响。瑙鲁是世界上最小的岛国，位于巴布亚新几内亚东北部，面积仅为21平方千米。2001年以来，澳大利亚政府一直在为该国提供有争议性的资金，用于重新安置寻求庇护者和难民，也对乘船申请庇护、希望前往澳大利亚的移民起到了威慑作用。尽管被送往瑙鲁的寻求庇护者人数不多，2013—2016年仅有1 300多人，但这种强硬的边境政策让澳大利亚历届政府在政治权力方面站稳了脚跟。事实上，这一政策对当地人、移民和劳动力资源都产生了很大的负面影响。

回家

图中这种臭名昭著的“回家”货车是由英国内政部推出的，作为2013年一项颇具争议性的运动的一部分，该运动旨在催促非法移民离开英国，否则将会被逮捕。该运动引发了公众的强烈抗议，最终被叫停，但它清楚地表明了种族、公民身份、归属感是如何通过政治想象纠缠在一起的。

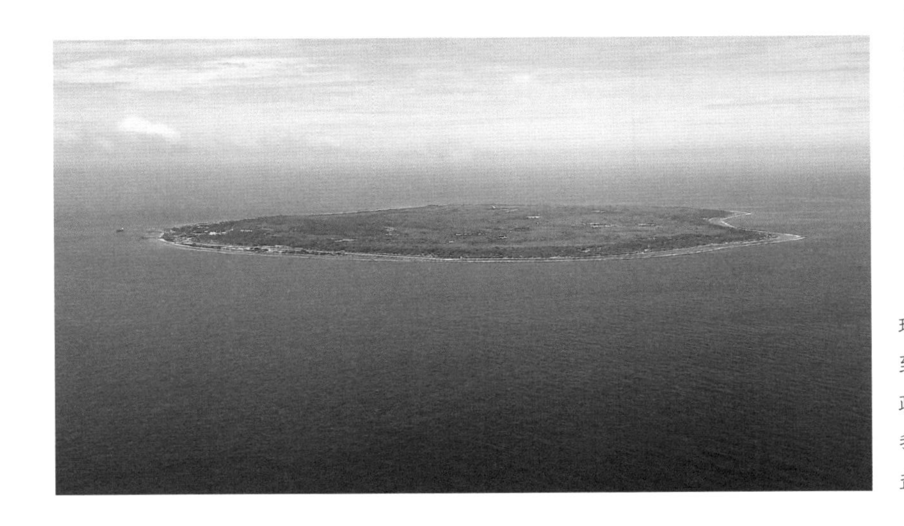

瑙鲁从殖民地到独立后靠开采磷酸盐达到经济全盛时期，再到成为由澳大利亚政府出资安置寻求庇护者和难民的国家，我的研究重点考察了这两个行业（磷酸盐开采和难民安置）的交叠情况

道德恐慌

社会学家斯坦利·科恩创造了“道德恐慌”一词，用来描述部分人对邪恶威胁社会福祉的恐惧心理。研究移民问题的人类学家用这个概念阐释了移民是如何被定义为社会价值观和公民利益的威胁因素的。例如，媒体描述移民的语言充满了敌意，最常见的是“非法”和“伪造”。

狗哨政治 ▶ 使用暗示性语言或流行语来塑造大众的看法并获取政治支持。尽管它对许多人来说似乎没有冒犯之意，但它的目的是取悦目标群体并取得他们的支持。

就像磷酸盐开采工业一样，难民产业也对瑙鲁的环境造成了灾难性影响。难民发现自己被困在一个太平洋小岛上，处于无垠的迷失之境，除非通过柬埔寨重新安置，否则永远无法离开小岛。绝望之下，绝食、自焚、自残、暴乱和冲突事件不断发生。

尽管存在很大的争议，但不少国家仍在实施这类离岸外包的移民政策。英国政府和欧盟资助利比亚海岸警卫队拦截离开欧洲的移民船只，并资助利比亚、希腊、土耳其和北非的移民扣留中心。美国在中美洲也有类似的系统，包括危地马拉和加勒比地区。这些趋势揭示了前殖民地仍然与前殖民国家捆绑在一起，从资源开采地转变为移民安置地。作为人类学家，我们可以深入了解那些受这些政策影响最大的人的观点，并就不平衡发展模式如何延伸提供见解。

流动性和新型冠状病毒

医学人类学

2020年下半年，随着新冠肺炎的确诊病例达到5 000多万例，140个国家和地区对所有或部分外国游客关闭了国门。对流离失所者、低收入移民和难民来说，流行病的影响尤为严重。

医学人类学是人类学的一个重要分支领域，致力于通过实地调查、参与观察来理解人类的疾病、痛苦和健康。20世纪80年代以来，它作为一个专业领域迅速发展，并被证明在应对关键的公共卫生挑战方面具有显著的益处。医学人类学家的研究表明，健康不仅会受到细菌、基因或个人行为的影响，也会受到环境的影响，包括住房、教育、医疗、营养及暴力、贫困和冲突。那么，谁有权在流行病暴发期间自由行动呢？作为人类学家，我们要弄清楚医疗卫生和移民政策之间的关系，并重新评估在流行病暴发期间的迁移权利。

第十章
数字人类学与未来

人类学的价值—当前趋势：数字人类学—当前趋势：科学技术人类学—当前趋势：变化世界中的人类世—当前趋势：公共人类学—结论：存在的多种形式

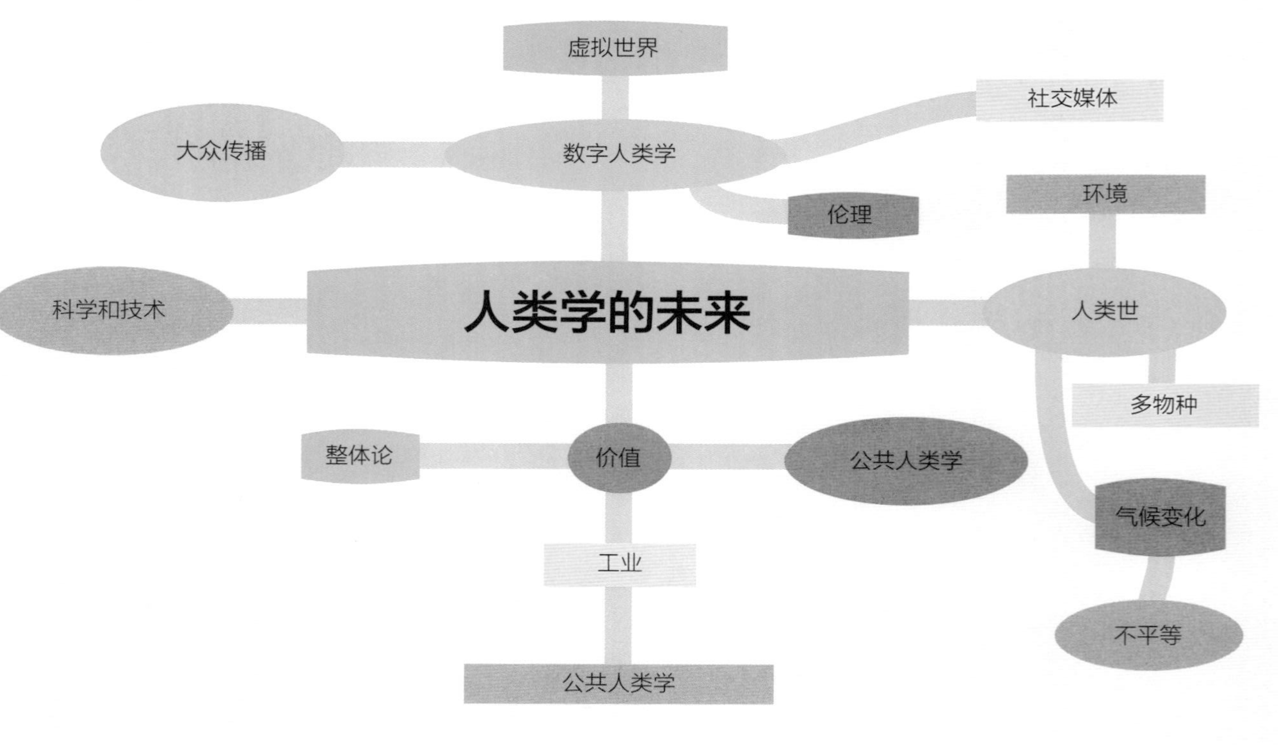

人类学的价值

在本书中，我们探索了人类学的主要研究领域。人类学作为一门学科在世界范围内越来越受欢迎。世界上的许多所大学都设有人类学系，许多行业或部门也都聘请了人类学家，将民族志和行为分析作为其实践的重要组成部分。事实上，人类学的方法、概念和知识在商业、医疗保健、人道主义和发展等领域广受追捧。民族志、文化相对论和整体论都是热门话题，行业人员和组织顾问利用这些话题帮助解决职场问题或满足客户需求。

工业领域的人类学家

关于人类学家将人类学应用于科技领域，阿里·科琳·内夫博士是一个鼓舞人心的例子。内夫是俄勒冈州波特兰市的一名用户体验（UX）研究员，接受过数字人类学家的培训。在她的田野调查现场——网站，内夫从主位或内部人士的角度深入了解用户——从高科技行业从业者到首次消费者——是如何参与科技应用的。通过社会理论和民族志方法，内夫为人们使用技术提供了新的思路，最终帮助企业打造出更好的科技产品。像内夫这样的人类学家已经成为软件公司不可或缺的一员，因为这些公司非常重视以用户为中心的产品设计。从推动世界性研讨会到开展用户及制造商研究，内夫的开拓性工作表明，人类学家现在是创新产业部门的重要资产和先驱。

人类学家接受全球科技进步带来的新现场的方式之一，就是进入数字环境。社交媒体、在线社区、电影和电视等视觉媒体，都已成为人类学家交流发现的重要渠道，它们有时比民族志写作更容易被感知。与此同时，这些新媒体本身也成了人类学的研究对象。

当前趋势：数字人类学

数字人类学 ▶ 通过计算机媒介的社会互动性，建立和维持社区的研究。研究人员经常思考数字技术对特定人群的意义和影响。它的调查方法包括实地调查和数据收集，通常结合线上和线下两种方式。这一分支学科与媒体人类学有相似之处，后者侧重于数字技术，但也包括其他形式的大众媒体，如电视、广播和电影。

人类学家汤姆·波尔斯托夫（1969年至今）在游戏《第二人生》的虚拟世界里进行了一次民族志研究，他使用了经典的人类学研究方法，注入参与式观察、访谈和焦点小组的讨论，而这些是在以他在游戏里的化身“汤姆·布可夫斯基”的虚拟的家和办公室里进行的。波尔斯托夫认为，在虚拟环境中做研究与在现实环境中做研究没有太大区别，例如理解新的语言、传统和各种行为准则

人类学家不只是对数字技术的积极或消极影响做出判断，而是采取整体和文化相对论的方法，将新技术置于更广泛的社会和文化背景中，研究新技术对生活的复杂影响。例如，在一些地方，数字工具得到许可用于更大范围的监控；而在另一些地方，社交媒体被用来组织更大规模的抗议活动。推特和脸书等社交媒体平台可能会创造在线社交机会，但它们也有可能导致数字鸿沟。数字鸿沟是收入、性别、地理位置和政治审查等因素造成的，这意味着没有联系的群体很可能被排挤在外。

虚拟世界

数字技术的诞生和互联网的接入，在具有相同兴趣的人之间创造了社交圈和社交关系。人类学家的任务之一就是研究这些人，理解他们所在的虚拟世界的意义。

定义“现实”

研究虚拟世界的人类学家强调，社会上存在一种在“真实”和“虚拟”之间制造对立关系的倾向。这掩盖了虚拟现实在许多方面的真实性。考虑一下你可能会在线上联络合作伙伴、上网课或开网店。有些东西不一定要有物理形式才能成为现实。虚拟与现实以错综复杂的方式交织在一起！

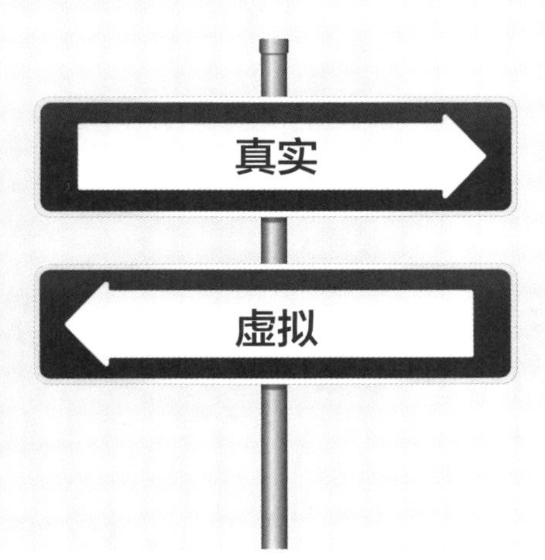

研究虚拟世界人类学的专家：

汤姆·波尔斯托夫

加布里埃拉·科尔曼

詹娜·伯勒尔

帕特里夏·G.兰格

人类学家加布里埃拉·科尔曼（1973年至今）与黑客及互联网集体匿名组织（Internet Collective Anonymous）的长期合作，就是这项工作的一个开创性例子。在她的民族志著作《黑客、恶作剧、告密者、间谍：匿名者的多副面孔》（2014）中，科尔曼否定了对该组织和黑客的单一描述，并对他们的所作所为及原因做出了有同理心的描述。同样，在《无形用户：加纳城市网吧中的年轻人》（2012）一书中，人类学家詹娜·伯勒尔将研究重点放在成为网络骗子的加纳城市青年身上。伯勒尔还引导我们从他们的角度来理解世界，客观看待那些被他们的骗局欺骗的人，并强调了犯罪者日常生活的贫困以及受社会排挤的现实。

了解计算机黑客的世界

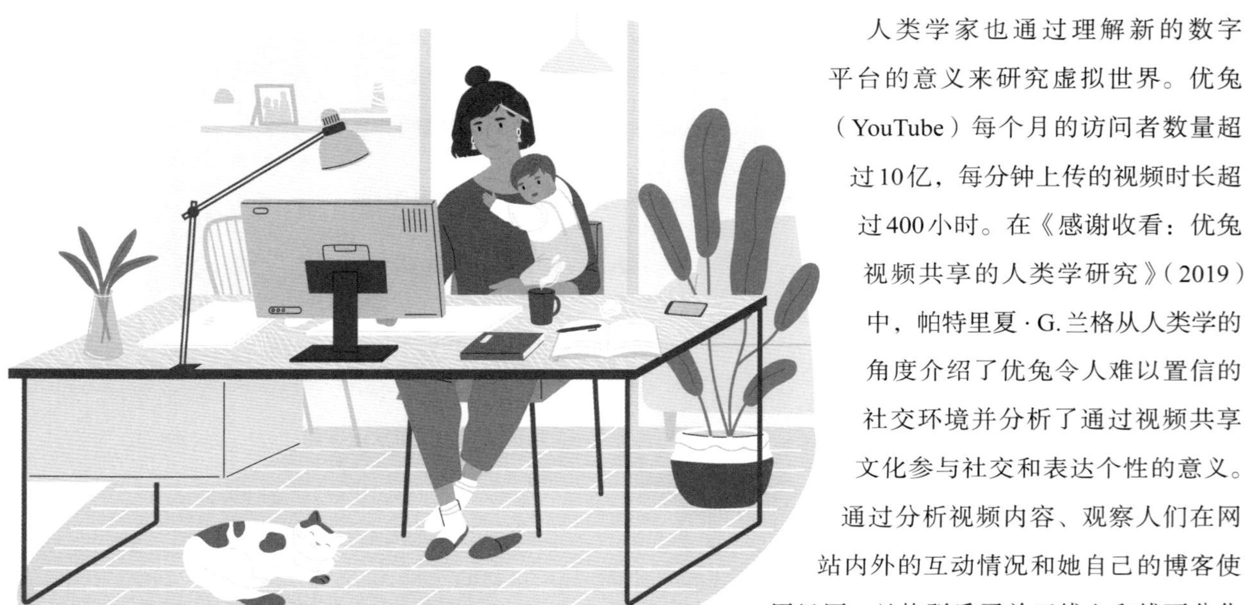

尽管对某些人有利，但向零工经济的转变令工作的人的不稳定性变高了

人类学家也通过理解新的数字平台的意义来研究虚拟世界。优兔（YouTube）每个月的访问者数量超过10亿，每分钟上传的视频时长超过400小时。在《感谢收看：优兔视频共享的人类学研究》（2019）中，帕特里夏·G.兰格从人类学的角度介绍了优兔令人难以置信的社交环境并分析了通过视频共享文化参与社交和表达个性的意义。通过分析视频内容、观察人们在网站内外的互动情况和她自己的博客使用经历，兰格驳斥了关于线上和线下分化的说法，并将参与者描述为自恋者。

数字现实

零工经济

除了研究数字技术塑造的新世界外，人类学家还研究了数字技术对全球化的影响。近年来，我们看到了零工经济的增长，数字技术引发了工作实践的巨大变化，模糊了公司对员工的责任。人类学家伊兰娜·格尔森在《新经济下的穷困潦倒：人们如何找到（或找不到）工作》（2017）中探讨了数字时代的新型招聘实践。格尔森对北加州的求职者和雇主进行了广泛调研。这些变化被视为自由的一种表现，但求职者现在必须通过领英等职业社交网站将自己推销给企业，这模糊了工作和个人生活的界线。

数字技术在时空方面极大地改变了人们的工作方式，即产生了我们在前一章讨论过的压缩效应。施里拉姆·文卡特拉曼（1986年至今）对印度泰米尔纳德邦人在日常生活中使用社交媒体的情况进行了第一次民族志研究。在《南印度的社交媒体》中，文卡特拉曼指出，从农业到信息与通讯技术的巨大转变，使农村的传统生活方式与高科技在线经济并存。文卡特拉曼还发现，在印度南部，社交媒体的使用仍然受到当地传统以及阶级、种姓、性别和年龄的影响，这表明数字技术引发的社会变革可能并不像人们想象的那么全面。

但是正如人类学家们所指出的，在数字技术研究中存在一种过分强调那些惊人影响的趋势。在实践中，这些变革要么适用于现有的社会结构，要么有助于支持现有的社会结构。例如，社交媒体使生活在世界各地的人们能够保持跨国联系，进行跨国汇款，并建立当地联系。

数字化的游牧生活方式在那些几乎可以在任何地方从事有偿工作的人中流行开来。社会经济方面的优越特权和公民身份在这种工作方式中起着重要作用

我们是后人类吗?

数字技术对人类意味着什么?人类学家詹姆斯·赖特研究了日本护理机器人的应用情况，他发现，这些机器人正在取代人类护理者，并重新定义了养老机构的未来。同样，对一些人来说，智能手机和数字助理（如Siri和Alexa）暗示了一种拟人化的尝试，旨在满足曾经通过人际互动来满足的人类需求。人类学家唐娜·哈拉韦（1944年至今）基于电子人的概念提出了技术与人类生物能力相融合的想法。

如何研究数字人类学

针对在线社区，人类学研究提出了明确的伦理学挑战。

使用智能手机

不只是寻求庇护者可以使用WhatsApp、Viber和Line等即时通信应用程序与家人交流，智能手机还可以成为人们记录政治和环境灾难及人生关键时刻的重要工具。波兰媒体人丽莉·乔利亚拉基将难民自拍视为他们给予自己力量的一种自我表述方式，同时也会通过西方新闻媒体和网络模因再次配置，它们会消除已然边缘化的人群的自我建构。

隐私问题

在数字民族志中，隐私问题是人类学家需要考虑的重要因素。在互联网上，民族志学者在物理上是“看不见”的。这是一种“网络隐身”，因为他们浏览网络博客，或在聊天论坛中使用匿名身份。但人类学家必须遵循一些指导原则，比如，获得知情同意，获得引用个人帖子的许可，除非这些帖子已在公共领域发表。

匿名

专注研究数字经济和社交媒体的人类学家已经提出了有效的策略，用于为他们的研究参与者匿名。例如，安妮特·马卡姆提出了编造方法，将个人的综合资料及其账户结合起来，传递与研究相关的关键信息。这种方法对于敏感的研究环境尤其有用，比如马卡姆关于儿童性行为的研究。编造方法当然也有缺点，但它强调了新媒体环境下应该考虑的伦理学问题。

在虚拟世界中，你能始终相信人们的个人账户吗？这与在现实世界中信任一个人一样吗？

钓鱼

如果你与你的研究参与者建立起一种在线关系，而不是直接面对面沟通，你能相信他的自我介绍吗？其中存在欺骗空间和假身份，这被称为“钓鱼”！

整体民族志

我们只能通过人类学整体民族志的核心部分来理解数字世界。没有人会完全生活在虚拟世界中，因此我们必须了解人们的非数字生活。一般来说，在线和离线的民族志研究为人类学家提供了一系列令人兴奋的方法，也呈现了一幅虚拟世界和现实环境的完整图景。

偏见

在进行数字民族志研究时，一定要注意偏见的影响。与所有田野调查点一样，互联网永远不应被视为一个中立的观察空间。研究人员的数据选择和分析往往会受到个人经历、调查过程和社会规范的影响。

当前趋势：科学技术人类学

科学、技术与社会（STS）研究兴起于20世纪60年代，是一种激进的后结构方法，用于思考科学知识和技术制品的生产。在这个框架内，STS研究人员将“科学”理解为在特定社会、文化和政治背景下创造的人类产品。从那时起，STS研究越来越受欢迎，特别是受到人类学家的欢迎。STS研究人员遵循现代性、进步性、科学合理性和客观性的要求，去思考技术科学的含义。将分析方法应用于科技背景，可以更好地实现技术科学的民主化，最终改善政策、规避风险。

STS研究人员将科学技术作为嵌入社会和文化背景的实践加以研究。科学“事实”被理解为科学家进行社会条件调查的产物，而不是自然的客观表现

法国人类学家布鲁诺·拉图尔（1947年至今）因为对STS研究的贡献而闻名。拉图尔创立了“行动者网络理论”，作为理解人类与无生命物体（行动者）相互作用的一种方法。许多STS研究者都运用这种方法来思考技术在塑造社会情境方面的积极作用。在《行动中的科学》（1987）一书中，拉图尔认为我们应该研究动态的科学，它由人、思想、概念和事物的网络组成，而不是现成的“科学或技术”。

人类学家森本良在他的民族志研究中，运用STS框架思考了日本福岛沿海地区的人们的低剂量辐射暴露经历。森本在分析后辐射时代的生活意味着什么时，严肃讨论了核物质对野生动物、植物和食品造成的污染问题。这些感官认知体验是由政府通过科技手段来确定并具体化的。森本的研究表明，人类学家已经突破了科学技术知识的边界。

当前趋势：变化世界中的人类世

人类世是我们对当前地质时代的称呼，在这个时代中，人类从根本上改变了地球的生态系统，造成了全球变

暖、臭氧层空洞、海平面上升、海洋酸化、空气污染、水污染，以及全球范围内的能源过度开采等严重问题。这些人为因素导致某些地区的降水或干旱频发，热浪增加，旋风和飓风活动加剧，疾病发病率不断上升。由于人类成了决定地球持续生存能力的主要力量，许多人类学家将注意力转向环境变化的影响。

一些人类学家已经着手对导致气候变化的人为因素进行民族志研究。环境人类学家揭示了个人是如何适应气候变化，或者受到气候变化的影响的。这些影响的程度往往难以估量，例如，卡特里娜飓风对美国路易斯安那州海岸和新奥尔良的居民造成了灾难性影响，风暴潮冲毁了堤坝，洪水淹没了城市的居民区和社区。其中，非洲裔美国人受影响最大，他们大多居住在低收入社区，更容易受到洪水的影响。归根结底，非洲裔美国人社区的这种不幸遭遇是由墨西哥湾沿岸地区的奴隶制、种族主义和不平等的历史造成的。

热带雨林承受着来自人类的巨大压力

环境人类学家尼克·夏皮罗追踪了环境种族主义持续存在的社区，并检查了卡特里娜飓风后由联邦应急管理局分派的12万多辆拖车，结果发现这些拖车受到了甲醛（一种已知致癌物）的化学污染。与夏皮罗一起工作的人陆续出现了一些症状，包括过敏、哮喘发作、皮肤病等。此后，夏皮罗追踪了这些社区的房屋转售情况，这些房屋后来被召回，但随后又被拍卖给私人买家，并出售给贫困人群。夏皮罗致力于帮这些社区的居民监测和清洁他们家中的空气。这项工作是在提高人们对有毒拖车的认知的同时进行的，这些拖车仍然显示出高致癌物水平，超过了联邦政府认定的安全标准。

环境种族主义

环境危害和健康问题通常对有色人种的影响最大。无论是因为制度上的疏忽还是有意为之，制度性政策和决策都导致有色人种社区所在地沦为受污染行业影响的不良土地，而这些行业对环境法的执行通常较为松懈。

多物种民族志已经成为一种流行的人类学研究策略，以摆脱“人类

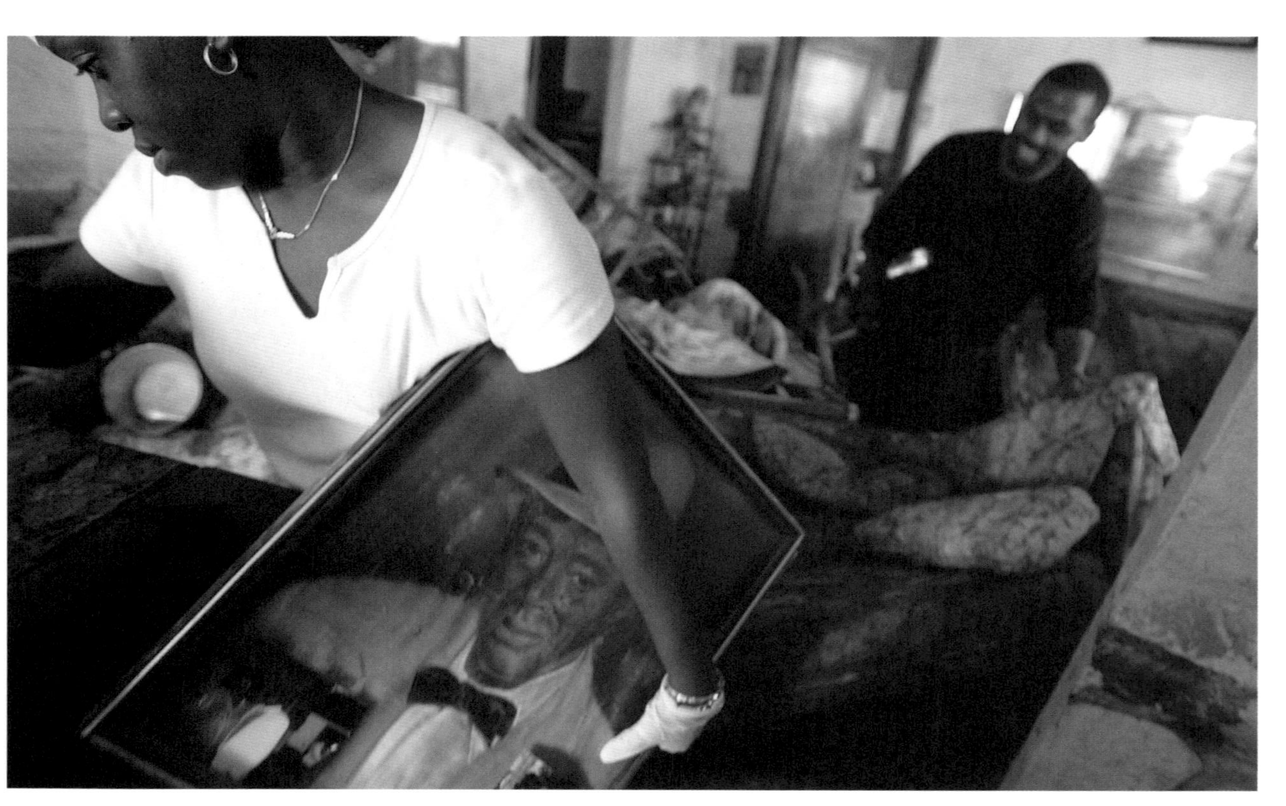

卡特里娜飓风对有色人种社区产生了灾难性影响。人类学家已经展示了气候变化对不同种族的影响在很大程度上取决于种族等级和社会阶层

世”一词所暗示的对人类的压倒性关注。这一方法由唐娜·哈拉维等人类学家创立，打破了西方哲学思想中普遍存在的人与自然的割裂，将人类学家的目光重新聚焦于地球上所有生物之间的人类和非人类联系。人类学家爱德华多·科恩在他的多物种民族志《森林如何思考：走向超越人类的人类学》(2013)中，探讨了讲克丘亚语的鲁那人与厄瓜多尔亚马孙雨林里的野生生物之间的深层次生态关系。通过将人类置于自然环境中，科恩和其他多物种民族志学者推动我们更全面地去了解身边的多物种环境。

生态旅游

人类学还与旨在保护濒危栖息地和世界各地环境热点地区的项目产生了交集。人类学家维罗妮卡·戴维多夫在她的民族志著作《生态旅游与文化生产》(2013)中，研究了日益流行的生态旅游。生态旅游套餐被包装成一种生态上可持续的方式，游客能够提供重要的收入来源并保护当地环境免受资源开采的破坏，以此回报这些生态旅游地。但生态旅游的设想在实践中会产生有意义的影响吗？戴维多夫研究发现，生态旅游的收入确实有助于原住民参与全球经济。然而，当地人必须表演精心设计的“传统景观”，以满足游客对“原始”原住民与自然和谐相处的幻想。西方保护组织将生态旅游计划标榜为从采掘业中拯救原住民的行为，如同拯救濒危物种。但与此恰恰相反，戴维多夫认为，生态旅游可能会成为由旅行社、企业家、保护团体和西方游客组成的跨国网络所主导的另一种资源开采形式。生态旅游胜地往往会驱赶当地人，迫使他们离开家园，并通过表演“生态景观”的方式参与资本主义经济。

生态旅游的现实

生态旅游营造了人们生活在浪漫原始生活中的幻想，而现实远非如此。人类学家主张将权力赋予受政治、经济和环境破坏影响的人们，制定出有意义的可持续发展战略。

当前趋势：公共人类学

公共人类学 ▶ 人类学的一个分支领域，关注学科与学术界以外的受众之间的接口。它包括公共学术和公民参与，处于理论和实践的交叉点。公共人类学与应用人类学不同，前者产生于公众参与的背景下，而后者植根于殖民主义。

早在马林诺夫斯基呼吁人类学家离开他们的扶手椅之前，许多民族志学者就已经在与线人合作进行实地调查了，他们还经常帮助这些社区做宣传。玛格丽特·米德的《萨摩亚的成年》和鲁思·本尼迪克特的《文化模式》，吸引了学院范围之外的许多大众读者。在学科发展初期，人类学家在公共论坛上也扮演了重要角色，如在1936年5月的《时代周刊》封面文章中，弗朗茨·博厄斯最先发出了反对种族中心主义和种族主义生物决定论的呐喊。

公共人类学

大多数人类学研究成果都可以通过讲座和写作被公开分享。但公共人类学被视为该学科中超越所谓的学术界“象牙塔”的特定动力，它源于这样一种信念：人类学不应该只是对知识的学术追求，还应该是一种让公众参与决策的手段。例如，参与当地社区的宣传项目，参与公共对话，等等。

尽管公共人类学并不新鲜，“纯理论”和“应用”研究近年来呈指数级增长，学院范围之外的人类学反思批判也在不断发展。

公众参与人类学研究的部分困难在于专业背景要求，这事关晋升的优先考虑因素，在美国则偏向于终身教职制度。学术出版物是学者价值和成就的标志，促使许多人类学家放弃了学术之外的有意义的研究工作。然而，随着对“严肃”“专业”研究的批评越来越多，这种情况正在发生变化。这不仅是为了证明这门学科在课堂之外的适用性，也是为了证明这种狭隘性是如何产生了一个与人类学中的“人类”相矛盾的回音室的！

“底层人能说话吗？”

印度社会理论家佳亚特里·查克拉沃蒂·斯皮瓦克（1942年至今）是后殖民主义领域最具影响力的知识分子之一。她于1988年发表的文章《底层人能说话吗？》有力地表明了全球社会中最贫穷和最边缘化的人（即发展中国家的下层阶级）的说话方式。西方学者、国际人道主义和发展机构及各国政府通常认为他们理解“他者”，可以作为代理人或“代表”为“他者”说话。但事实并非如此，人们应该有能力做出自己的决定并代表自己发声，否则后殖民世界最终只会复制前殖民世界令人窒息的政治结构。斯皮瓦克的论点是人类学家工作的核心，他们一方面思考声称代表“他者”做决定或发声的人能否让“他者”变得清晰可辨，另一方面他们也对自己和所代表的角色进行自我反思性批判。

民族志电影制作已经成为人类学家与当地社区合作，让更广泛的受众了解重要社会问题的重要媒介，旨在反驳利用媒体技术捕捉原住民故事是帝国主义形式的观点。人类学家费·金斯伯格（1952年至今）曾与原住民媒体制作人长期合作，如今在与残疾人合作开展媒体项目，而残疾人在许多文化中常被视为隐形人。金斯伯格等人类学家通过公共节日和活动推广电影、表演、艺术、舞蹈等实践，为人们提供了一个先进的平台，让人们以可获得他人尊重、理解和支持的方式表达自己和自己的关切。

作为新的民族志实践，聚焦于表达的实验性民族志研究将我们带入了不同的体验。例如，人类学家索伊尼·麦迪逊利用批判性的表演民族志公开展示她的研究，探讨全球不平等和激进主义等问题。她的作品《水仪式》借鉴了加纳的实地调查，阐述了水资源的私有化问题。

多种类型的公共人类学不断涌现，适用于对影响人们生活的权力结构和不平等现象进行持续的集体批判。MeToo运动就是一个典型的例子，它利用社交媒体平台的速度和匿名性，鼓励人们对性虐待和性骚扰行为进行公开抗议，而不再保持沉默。开放教育的努力，如给教学大纲贴上标签的项目，也是公共人类学的富有说服力的例子。这些强有力的例子表明，人类学作为一门以分析社会驱动力为中心来促进全球理解的学科，能够有效地吸引许多受众。

利用电影作为公共人类学的媒介，随之而来的是大量伦理学问题。它可以帮助那些经历过极端动荡的人，让那些对他们来说很重要的问题变得清晰可见，但谁是幕后操纵者？他们如何看待人们的经历？民族志学者的这种地位被称为“凝视的政治”

努拉·吉利原住民方案

该项目依托于澳大利亚新南威尔士大学的研究所，它是人类学家如何为原住民提供知识共享平台的一个例子。原住民关于天文学的传统知识是通过艺术和诗歌的实践代代相传的，包括利用星星、月亮和太阳进行导航、划分季节、计时和农耕。社区老年人利用研究人员设计的软件，再次利用天文学传统知识，形成关于人类和自然界的新认识。

结论：存在的多种形式

人类学给予我们最重要的洞见也许是，我们的生活方式只是人类社会的无数种生活方式中的一种。环顾四周，我们很快就会意识到，现代社会有着无限的可能性和多样性，令人惊叹且错综复杂。尽管智人是新近起源的人类物种，但这一切都是事实！人类学为我们提供了一面镜子，以全新的方式映射我们的社会和存在。特罗布里亚群岛居民或西北太平洋地区因纽特人和夸基乌特原住民的生活方式提醒我们，我们的社会并不是人类社会的唯一形式。当在本地框架内进行整体理解时，最初看起来似乎不合逻辑的实践最终却被证明是完全有意义的。人类学家的民族志著作为我们提供了如何以不同的方式思考事物的蓝图，并可能将富有想象力的替代方式引入我们的日常生活。

自该学科创立之日起，人类学家共同的价值观就几乎没有改变，继续挑战不平等和偏见体系的初衷也没有改变，包括挑战种族中心主义、种族主义、性别歧视和贬低人类价值的做法。但是，我们周围的世界发生了变化，这关乎人类学家是谁、人类学家研究什么、人类学家的工作会产生什么影响等问题。更重要的是，这促使人类学家质疑他们研究的相关性。可以说，人类学比其他任何学科都更有能力产生有意义的内省形式，最终帮助我们塑造一个更美好的世界，因为我们通过人类学了解了智人在这个星球上的过去和现在。

术语汇编

霸权：由政治学家安东尼奥·葛兰西提出的概念，描述了国家权力是如何通过创造大众认可来建立的。

表型：从基因型与环境因素的相互作用中观察到的基因在个体中表达的方式。

参与观察：人类学研究中使用的一种方法，指研究者通过深入参与和观察被研究者的日常生活来获得对被研究者的深度了解。

词库：一种语言的词汇总集。

弹性积累：公司用来最大化其利润的技术。

定量研究：可测量和统计导向的数值研究，包括对实验、问卷调查、在线民意调查、市场报告和对照观察等方法的应用。

定性研究：通过非统计来源进行的描述性研究，包括生活史、日记、参与观察、开放式问卷和访谈等研究方法。

东方主义：巴勒斯坦裔美国学者爱德华·萨义德提出的一个概念，认为西方国家利用贬低东方国家及其人民的文化从而生产西方权威性的观念。

多声性：一种将多重声音融合到民族志中的学术写作方法。

发展：由西方发起的为前殖民地提供援助和金融投资的项目，旨在刺激其经济增长，减轻贫困和提高当地人生活水平。

反身性：研究者自我反思的过程，在此过程中他们重新思考自身潜在的偏见对研究所产生的影响。

符号：向人们传达一个想法或意义的任何东西，即使进入个人的头脑，也能被集体分享。

国家主权：认为国家拥有绝对的治理权力。

后发展理论：兴起于20世纪80年代和90年代，当代发展研究中一个强大而有争议的思想领域，它不赞同“发展”的理念。

汇款：在国外的移民工人向其祖国内的人汇寄金钱。

基因型：由父母传给子女并编码为身体特征的可遗传基因。

结构功能主义：一种流行于英国社会人类学家中的学派，旨在解释文化多样性，该学派认为社会的每一部分都相互联系在一起并具有特定的功能。

跨国：指移民跨越国界的流动过程，通过这一过程，他们在日常交流、联系和活动中创造了有意义的社会、政治和经济领域。

历史特殊论：美国人类学的学派之一，强调不同社会有独特的历史，不能简化为普遍的模式。

流散国外：从原籍国迁移出来的具有共同文化遗产或家园的散居群体。

伦理：指导研究人员工作的道德原则，尤其是“不伤害他人”的实践。

民族/民族国家：指具有领土限制的政治实体，其人民认为自己拥有共同的历史、文化、语言和/或命运。

民族志：一门以文化阐释为中心的观察科学。

民族主义：对自己国家的认同和忠诚，有时排斥其他国家的利益。

内部移民：在一个国家内的人口流动。

亲属（制度）：人类为确定关系并确定与其相关的预期行为和角色而创造的文化上的联系和意义。

全球化：人、货物、思想和金钱在不同国家和地区之间的全球互联性。

人类学：对人的研究，其英文“Anthropology”是希腊语单词ánthrōpos（人类）和logos（研究）的组合。

认识论：指知识的哲学，包括什么是知识以及如何获得知识。

萨满：兼职的宗教修行者，有能力与超自然领域沟通。

社会达尔文主义：应用进化论来控制社会和政治的理论。

社会语言学：研究语言与文化和社会因素——如年龄、性别、种族、民族和阶级——之间的关系的学科。

社会运动：围绕实现特定政治、经济或社会目标进行协调的集体组织运动。

深描：人类学家克利福德·格尔茨提出的一种研究方法，旨在将实地经验的详细描述与更广泛的社会和文化意义结合起来。

生命政治：法国哲学家米歇尔·福柯提出的描述生命监管与治理的理论。

生物决定论：主张男性和女性生来具有不同的能力和偏好。

实证研究：字面意思的“基于经验”的研究，这种形式的知识获取以观察和经验为前提，而非来自信仰或理论。

文化：人们在日常生活中创造、操纵的经验和意义的共享系统。

文化决定论：主张人们是不同文化身份的被动载体。

文化唯物主义：认为物质现实，如经济、技术和环境因素，能够影响社会组织形式的理论。

文化相对主义：主张我们应该从他者的文化角度来理解其行为和信仰的理论。

新殖民主义：尽管殖民统治已经结束，但国家间仍存在不平等的经济关系和政治政策。

新自由主义：将自由市场视为确保经济增长的主要手段的经济政策。

性（sexuality）：与亲密和快乐相关的文化、欲望和行为的多样性。

生理性别（sex）：男性或女性之间的生物学差异，包括生殖器、染色体、激素原和遗传差异。

社会性别（gender）：由社会建构的男性或女性。

仪式：体现集体信仰并在一群人中提供归属感和连续性的行为或一系列重复行为。

移民（emigration）：离开一个国家的行为。

移民（immigration）：迁入一个国家。

音素：指最小的声音单位，当一个音素被替换时，其所表达的意义也可能发生变化。

语素：声音的最小单位，具有可识别的意义，不能被分成更小的部分。

整体论：通过综合和跨学科的方法，广泛地对人类进行研究。

政治经济学：研究世界经济进程和政治政策如何相互作用的学科。

种族：一种无生物学基础的分类系统，根据生理特征，如肤色、眼睛形状或毛发，将人分成任意组。

种族中心主义：把自己的文化作为宇宙的中心，并以此作为衡量所有其他文化的标准，种族中心主义在很大程度上被认为是低级或危险的。

宗教融合：宗教文化和习俗相互融合，以适应不同的文化和环境。

推荐阅读

第一章　什么是人类学?

一般阅读

Guest, K. (2020). *Cultural Anthropology: A Toolkit for A Global Age*. New York: W. W. Norton & Company, Inc.

Brown, N., Mcllwraith, T. and Tubelle de González, L. (2020). *Perspectives: An Open Invitation to Cultural Anthropology*. The American Anthropological Association. Available online at https://perspectives.pressbooks.com

网站

The American Anthropological Association (AAA) is the world's largest academic and professional organization of anthropologists. It provides a wide range of resources on the discipline, fellowships, grants, internships and research conferences, as well as showcasing current research. www.americananthro.org

The European Association of Social Anthropologists is the European equivalent to the AAA. www.easaonline.org

电影

'The Captivating and Curious Careers of Anthropology' is produced by the AAA as part of a video series into the many worlds of anthropologists. https://youtu.be/U1Cm3MgpQ14

第二章　田野工作与民族志

一般阅读

The AAA Ethics Resources provides a wealth of information on the moral guidelines of scholarly research, including the current Code of Ethics and reflections from anthropologists in the field on ethical challenges they encounter. www.americananthro.org/ParticipateAndAdvocate/Content.aspx?ItemNumber=1895

Rabinow, P. (2007). *Reflections on Fieldwork in Morocco*. Berkeley: University of California Press. A landmark study that focuses on the process of fieldwork and interactions between anthropologists and informants.

Robben, A. and J. Sluka (2012). *Ethnographic Fieldwork: An Anthropological Reader*. Malden: Wiley-Blackwell. Provides a strong selection of classic and contemporary accounts of the fieldwork challenges of anthropologists, as well as the development of this methodological approach.

Tuhiwai Smith, L. (2012). *Decolonizing Methodologies: Research and Indigenous Peoples*. London: Zed Books. A groundbreaking book that critiques the Western concept of research and articulates a new Indigenous Research Agenda.

电影

Off the Veranda (1986). Directed by A. Singer. A documentary series that examines the move of anthropologists from 'armchair research' to participant observation. Although dated, it provides extraordinary footage of Malinowski's fieldwork in the Trobriand Islands and gives a good sense of the discipline's development.

Doing Anthropology (2008). MIT Anthropology Department. https://youtu.be/BhCruPBvSjQ. Unpacks what cultural anthropologists do and how they approach their research.

第三章　语言

一般阅读

Ahearn, L. M. (2012). *Living Language: An Introduction to Linguistic Anthropology*. Malden: Wiley-Blackwell. Provides a comprehensive overview of the field of linguistic anthropology.

Crystal, D. (2000). *Language Death*. Cambridge: Cambridge University Press. Highlights the alarming trend of language extinction around the world.

Hill, J. (2008). *The Everyday Language of White Racism*. Malden: Wiley-Blackwell. Examines how historical racism continues in the language of white Americans, even among those who refute it.

电影

The Linguists (2008). Produced and directed by S. Kramer, D. A. Miller, and J. Newberger. Ironbound Films. Follows the work of two linguists trying to document languages on the edge of extinction.

第四章　亲属制度

一般阅读

Weston, K. (1991). *Families We Choose: Lesbians, Gays, Kinship*. Classic ethnographic study of LGBTQ families in San Francisco in the 1980s, showing how people create their own forms of kinship outside of biogenetically grounded ideas.

Dumit, J. and Davis-Floyd, R. (1998). *Cyborg Babies: From Techno-Sex to Techno-Tots*. London: Routledge. Discusses the impacts of new reproductive technologies on conception and parental life.

Holtzman, J. D. (2000). *Nuer Journeys, Nuer Lives: Sudanese Refugees in Minnesota*. Boston: Allyn & Bacon. Uses the classic case study of the Nuer of

Sudan, famously researched by Evans-Pritchard, to examine social change and displacement that has occurred as a result of the civil war in Sudan that has moved a large diaspora of Nuer refugees to Minnesota.

电影

Saheri's Choice: Arranged Marriage in India (2002). Princeton: Films for the Humanities and Sciences. Follows the custom of arranged marriages in India through the story of an Indian girl and her family.

第五章　宗教与仪式

一般阅读

Hicks, D. (2010). *Ritual and Belief: Readings in the Anthropology of Religion*. Plymouth: Rowman & Littlefield. A collection of classic readings from anthropologists in the study of religion and ritual.

Luhrmann, T. M. (2012). *When God Talks Back: Understanding the American Evangelical Relationship with God*. New York: Vintage Books. Explores the interior lives of American evangelicals to understand how they intimately experience God.

Mahmood, S. (2011). *Politics of Piety*. Princeton: Princeton University Press. A classic ethnographic work on Islamist cultural politics through the women's piety movement in Cairo.

网站

Pew-Templeton Global Religious Futures Project. Explores the future of the world's religions through 2050. www.globalreligiousfutures.org

电影

Les Maitres Fous (Mad Masters) (1954). Directed by Jean Rouch. A controversial short film about the spirit possession dances of the Hauka resistance movement in Niger directed by the French director and ethnologist Jean Rouch, well known for his docufiction.

第六章　性别与性

一般阅读

Brettell, C. B. and Sargent, C. F. (2016). *Gender in Cross-Cultural Perspective*. London: Routledge. A comparative analysis on gender roles around the world.

Ehrenreich, B. and Russll Hochschild, A. (eds) (2004). *Global Woman: Nannies, Maids, and Sex Workers in the New Economy*. New York: Holt Paperbacks. A collection of ethnographic works on the consequences of globalization on women's lives around the world.

Kulick, D. (1998). *Travesti: Sex, Gender, and Culture among Brazilian Transgendered Prostitutes*. Chicago: University of Chicago Press. An ethnographic account of gender and sexual identities that different from the Western female/male dichotomy.

电影

Paradise Bent: Boys Will Be Girls in Samoa (1999). Directed by H. Croall. A documentary on the traditional third gender of the Samoan fa'afafine.

第七章　种族与种族主义

一般阅读

Alexander, M. (2012). *The New Jim Crow: Mass Incarceration in the Age of Colorblindness*. New York: The New Press. Seminal book that brought attention to the continuities of the racial caste system in American mass incarceration.

Anderson, M. (2019). *From Boas to Black Power: Racism, Liberalism, and American Anthropology*. Stanford: Stanford University Press. Provides an important reading of American cultural anthropology's relationship with race and racism.

Besteman, C. (2020). *Global Militarized Apartheid*. Durham: Duke University Press. A powerful discussion of the regimes of labour and mobility control that function on the basis of racialized populations.

Jablonski, N. G. (2013). *Skin: A Natural History*. Berkeley: University of California Press. An interesting dive through skin's evolutionary history.

网站

American Anthropological Association (20[illegible]5): *Race: Are We So Different?* An online exhibit from the AAA unpacking race and racism.

电影

Race: The Power of an Illusion (2003). California Newsreel. A three-part documentary series that looks at race in society, science and history. See also the related website for further resources: www.pbs.org/race

第八章　政治与权力

一般阅读

Abu-Lughod, L. (2013). *Do Muslim Women Need Saving?* Cambridge: Harvard University Press. Ethnographic research on Western perceptions of Muslim women and how the popular image of women victimized by Islam attempts to justify foreign military invasion.

Incite! Women of Color Against Violence (2017). *The Revolution Will Not Be Funded: Beyond the Non-Profit Industrial Complex*. Durham: Duke University Press. A powerful critique of the non-profit industry and shrinking spaces of protest.

Merry, S. E. (2006). *Human Rights and Gender Violence: Translating International Law into Local Justice*. Chicago: The University of Chicago Press. A key ethnographic study into the discrepancies between international human rights law and forms of local justice.

Nordstrom, C. (2004). Shadows of War: Violence, Power, and International Profiteering in the Twenty-First Century. Berkeley: University of California Press. An examination of the politics of warfare.

电影

Why We Fight (2005). Directed by E. Jarecki. A documentary film on the military-industrial complex.

第九章　全球化、人口迁移与流离失所

一般阅读

Agustín, L. M. (2007). *Sex at the Margins: Migration, Labour Markets and the Rescue Industry*. London: Zed Books. Unpacks representations of migrants who sell sex as passive victims and the non-profit 'rescue industry' that promotes these myths.

De Leon, J. (2015). *The Land of Open Graves: Living and Dying on the Migrant Trail*. Berkeley: University of California Press. An ethnographic portrait of the human consequences of US immigration policies on migrants who cross the Sonoran desert.

Malkki, L. (1995). *Purity and Exile: Violence, Memory, and National Cosmology among Hutu Refugees in Tanzania*. Chicago: Chicago University Press. An ethnography of the experiences of dispossession and violence of Hutu from Burundi driven into exile in Tanzania.

网站

The Migration Observatory at the University of Oxford's Centre on Migration, Policy and Society provides key data and resources on international migration and public policy. www.migrationobservatory.ox.ac.uk

The Migration Policy Institute is a nonpartisan think tank in Washington, DC that provides data, information, and analysis on immigration-related issues. www.migrationpolicy.org

电影

Harvest of Empire: The Untold Story of Latinos in America (2012). Directed by E. Lopez and P. Getzels. Based on the book by the journalist Juan González, this documentary film focuses on the US government imperial actions that resulted in millions of Latinos immigrating to the USA.

第十章　数字人类学与未来

一般阅读

Boellstorff, T., Nardi, B., Pearce, C. and Taylor, T. L. (2012). *Ethnography and Virtual Worlds: A Handbook of Method*. Princeton: Princeton University Press. A 'how to' guide for studying online virtual worlds.

Ginsburg, F., Abu-Lughod, L. and Larkin, B. (2002). *Media Worlds: Anthropology on New Terrain*. Berkeley: University of California Press. A comprehensive survey of ethnographic work from media anthropology.

Haraway, D. J. (2016). *Staying with the Trouble: Making Kin in the Chthulucene*. Durham: University of North Carolina Press. An important contribution to multispecies research that de-emphasizes human exceptionalism through the framework of 'making kin'.

Larkin, B. (2008). *Signal and Noise: Media, Infrastructure, and Urban Culture in Nigeria*. Durham: Duke University Press. A seminal study of media in Nigeria that places new technological infrastructures within colonial and postcolonial regimes.

网站

The AAA's flagship journal *American Anthropologist* provides an annual 'year in review' summary of the discipline. www.americananthropologist.org/category/year-in-review

The Center for a Public Anthropology encourages research that addresses public challenges in public ways, covering a number of resources on the subject. www.publicanthropology.org

电影

Leviathan: The Fishing Life from 360 Degrees (2012). Directed by L. Castaing-Taylor and V. Paravel of Harvard University's Sensory Ethnography Lab. A powerful example of how anthropologists use film to immerse audiences in important subject matter: in this case the realities of the North American commercial fishing industry. The filmmakers used GoPro cameras above and below the water to immerse viewers in an intense sensorial experience.